Youssef EL GUAMRI
Omar AMAHMID
Driss BELGHYTI

PARASITAS GASTROINTESTINAIS

Youssef EL GUAMRI
Omar AMAHMID
Driss BELGHYTI

PARASITAS GASTROINTESTINAIS

Perfil epidemiológico e clínico das crianças

ScienciaScripts

Cover image: www.ingimage.com

This book is a translation from the original published under ISBN 978-620-6-72209-0.

Publisher:
Sciencia Scripts
is a trademark of
Dodo Books Indian Ocean Ltd. and OmniScriptum S.R.L publishing group

120 High Road, East Finchley, London, N2 9ED, United Kingdom
Str. Armeneasca 28/1, office 1, Chisinau MD-2012, Republic of Moldova, Europe
Printed at: see last page
ISBN: 978-620-8-25441-4

PARASITAS GASTROINTESTINAIS

PERFIL EPIDEMIOLÓGICO E CLÍNICO DAS CRIANÇAS

PROF. YOUSSEF EL GUAMRI PROF. OMAR AMAHMID

PROF. DRISS BELGHYTI

RESUMO

Foi realizado um inquérito epidemiológico prospetivo sobre o parasitismo intestinal nos serviços de Pediatria e de Cirurgia Infantil do Hospital Regional El Idrissi de Kénitra (Gharb) em 300 crianças hospitalizadas em 2007. Este inquérito identificou 11 parasitas intestinais: Entamoeba coli, Entamoeba histolytica/dispar, Endolimax nana, Giardia intestinalis, Iodamoeba butchilii, Blastocystis hominis, Ascaris lumbricoides, Trichuris trichuira, Enterobius vermicularis, Taenia saginata e Hymenolepis nana. Das 300 crianças, 157 tinham pelo menos um parasita intestinal (52,7%), com 91 casos de poliparasitismo (30,3%). Dentre os parasitas intestinais identificados, a oxiurose foi a parasitose intestinal mais prevalente entre as crianças hospitalizadas. O inquérito revelou que a faixa etária mais exposta aos parasitas intestinais se situa entre um e nove anos de idade. A deterioração das condições de higiene e ambientais conduziu a um aumento notável das taxas de parasitas intestinais nas crianças que vivem em zonas rurais. A maioria dos parasitas identificados resulta de falta de higiene, o que significa que as pessoas que os transportam estão em risco.

Palavras chave: *inquérito, epidemiologia, parasitismo intestinal, crianças, Kénitra, Marrocos.*

I. INTRODUÇÃO

Há muito que a qualidade do ambiente é reconhecida como um dos principais factores que determinam o estado de saúde das pessoas. O novo conceito de saúde ambiental resulta da convergência entre a degradação do ambiente, a sensibilização do público para esta degradação e o conhecimento e os progressos da investigação científica sobre as relações entre a saúde e o ambiente (HAUET, 2004).

Nas últimas décadas, as zonas urbanas cresceram consideravelmente, gerando volumes cada vez maiores de águas residuais (AHN e CHOI, 2004). A má qualidade da água provoca diarreia, responsável pela morte de 1,8 milhões de pessoas todos os anos, incluindo 1,6 milhões de crianças com menos de cinco anos. É também a causa de muitas doenças, incluindo a cólera, a disenteria, a febre tifoide e os parasitas intestinais (OMS, 2003).

A este nível, para serem eficazes, as medidas de proteção da saúde requerem um acompanhamento regular da população exposta ao risco. A avaliação deste risco para a saúde é efectuada através de estudos epidemiológicos, nos quais o epidemiologista irá investigar as circunstâncias em que uma doença se desenvolve numa população de risco. Além disso, é desejável limitar estes estudos às doenças ligadas às águas residuais não tratadas. Estas são geralmente helmintíases intestinais e doenças diarreicas (OMS, 1991).

As parasitoses intestinais são uma das infestações mais comuns no mundo. Representam um risco importante para a saúde pública, com uma elevada prevalência em muitos países em desenvolvimento. Mas o verdadeiro problema destas doenças parasitárias reside no grande número de portadores assintomáticos que contribuem para a propagação e perpetuação destas doenças. As infestações causadas por helmintas parasitas estão entre as doenças mais comuns - e mais negligenciadas -, afectando mais de 30% da população mundial. Estas helmintíases são a causa de uma mortalidade muito elevada nos países em vias de desenvolvimento (OMS, 1996) e reflectem um constrangimento mesológico agravado pela ausência de higiene fecal, pela falta ou ausência total de medidas gerais de saneamento líquido e pela falta de água potável (NOZAIS, 1998).

Em muitos países, estes parasitas intestinais causam graves problemas de saúde e sociais, provocando má absorção, diarreia, perdas de sangue, diminuição da capacidade de trabalho e atraso no crescimento (OMS, 1997 e GOLVAN, 1990). Dado o grande impacto destes parasitas intestinais na saúde humana, a Organização Mundial de Saúde recomenda vivamente a realização de estudos epidemiológicos sobre estas doenças, a fim de estabelecer um sistema de vigilância regular e um programa de luta contra estes parasitas intestinais, nomeadamente nas crianças. O parasitismo intestinal é um fenómeno clássico nas crianças e desempenha um papel importante no conjunto da patologia infantil, nomeadamente nos países em desenvolvimento. Devido às condições climáticas e higiénicas frequentemente precárias, as parasitoses intestinais desempenham um papel igualmente importante no conjunto das doenças parasitárias (LAAMRANI et al., 1999).

A prevalência de diferentes espécies de parasitas varia de uma região para outra. Os parasitas intestinais propagam-se rapidamente em zonas onde as instalações sanitárias são inadequadas ou inexistentes e onde há sobrepopulação. O corolário é um aumento do risco fecal, que é visto como uma consequência da falta de instalações sanitárias para a recolha de fezes (despejo a céu aberto), da falta de água potável e da falta de higiene individual e colectiva.

A extensão das parasitoses intestinais no meio hospitalar é ainda mal conhecida no nosso país. Este estudo foi realizado no Serviço de Pediatria e Cirurgia Infantil do Hospital El Idrissi em Kénitra. Queríamos conhecer a distribuição específica nas crianças da região de Kénitra e relatamos o primeiro estudo relativo a 300 exames de fezes analisados no Laboratório de Biologia e Saúde da Faculdade de Ciências e no Laboratório de Análises Médicas do Hospital El Idrissi de Kénitra.

O estudo abrangeu crianças com doenças não parasitárias hospitalizadas entre junho e outubro de 2007. As crianças incluídas no inquérito tinham idades compreendidas entre 1 mês e 16 anos e dispunham de um processo clínico completo. Tratou-se de um inquérito transversal prospetivo. O processo clínico completo incluía uma entrevista, um exame físico, os resultados dos exames paraclínicos, o tratamento recebido pelo doente e a evolução.

Os resultados obtidos foram comunicados apenas aos pais das crianças hospitalizadas, através dos médicos responsáveis pelo acompanhamento do estado de saúde das crianças examinadas.

No final do estudo, as crianças cujas análises revelaram a presença de parasitismo intestinal foram encaminhadas para pediatras para cuidados médicos adequados.

II. AMBIENTE E METODOLOGIA

II.1. Ambiente de estudo

A província de Kénitra está subdividida em 6 comunas urbanas (Kénitra Maâmora, Kénitra Saknia, Mehdiya, Sidi Yahia, Sidi Slimane e Souk El Arbaa du Gharb); 4 círculos (Kénitra banlieue, Sidi Slimane, Souk El Arbaa du Gharb e Souk Telt El Gharb) e 27 comunas rurais. Em termos de infra-estruturas de saúde pública, a província de Kénitra dispõe de três hospitais, dos quais um hospital regional (Hôpital El Idrissi) em Kénitra e duas policlínicas de saúde (Sidi Slimane e Souk El Arbâa) (Figura 1).

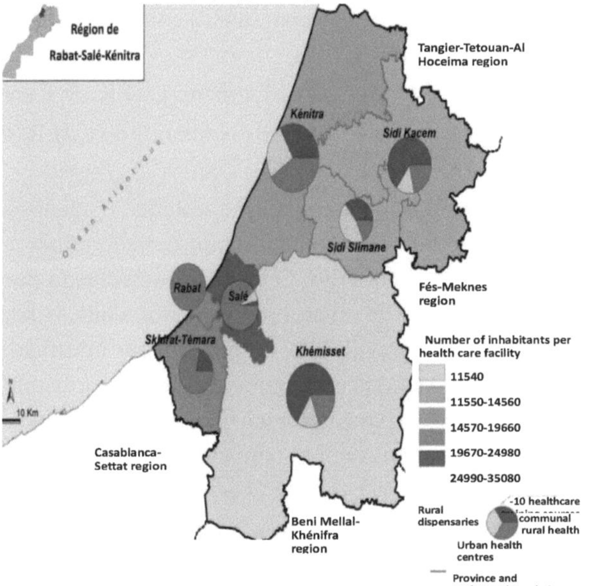

Figura 1: Divisões de saúde por comuna e cercle de Kénitra (MARROCOS)

De acordo com o último recenseamento geral da população e da habitação de 2004, a população da província de Kénitra está estimada em 1 167 000 habitantes, dos quais 572 700 (42,46%) vivem em zonas urbanas e 594 601 (57,69%) em zonas rurais. A população é composta por quase tantos homens (49,9%) como mulheres (51,1%). Trata-se de uma população muito jovem, com 32,5% com menos de 15 anos, 43,9% com menos de 20 anos e 62,6% com menos de 30 anos, constituindo mais de 48,4% da população rural contra 29,7% nas zonas urbanas. O inquérito epidemiológico prospetivo sobre o parasitismo intestinal nas crianças hospitalizadas foi efectuado nos serviços de pediatria e de cirurgia infantil do Centro Hospitalar Regional de Kénitra.

II.2. Métodos de estudo

II.2.1. Crianças inquiridas

Queríamos conhecer a distribuição específica nas crianças da região de Gharb e relatamos o primeiro estudo relativo a 300 crianças não suspeitas de parasitose intestinal e hospitalizadas no Centre Hospitalier Régional du Gharb (Kénitra) por outra patologia. O estudo foi realizado entre junho de 2007 e outubro de 2007.

As fezes examinadas eram de crianças com idades compreendidas entre 1 mês e 16 anos. Incluíam :

- crianças hospitalizadas no serviço de pediatria do C.H.R. de Kénitra (Gharb),
- crianças hospitalizadas no serviço de cirurgia infantil do C.H.R. de Kénitra (Gharb),

Todas as crianças que participaram neste estudo epidemiológico foram submetidas a um exame clínico preliminar, a fim de determinar a patologia de cada criança recrutada para o inquérito. O exame foi efectuado por pediatras do Hospital El Idrissi. Por razões de custo e de exequibilidade, a maior parte dos PHEs destinados a avaliar a prevalência do parasitismo intestinal neste estudo limitaram-se aos resultados obtidos com um único exame parasitológico de fezes (PSE). Em caso de exame parasitológico de fezes positivo, os médicos prescrevem às crianças parasitadas um tratamento antiparasitário adequado.

II.2.2. Recenseamento das crianças e recolha de amostras de fezes

Durante os quatro meses do nosso estudo, os serviços de pediatria e de cirurgia infantil foram consultados diariamente para identificar as novas crianças admitidas no hospital. Em cada dia de amostragem, foi contactado um dos pais da criança hospitalizada. A qualquer pessoa que compareça é dado um código de identificação, um número e um nome. Um recipiente de plástico duro, limpo e seco, com o código de identificação da criança, para recolher as fezes da criança. Em seguida, é-lhes pedido que forneçam o apelido, o nome próprio, a idade e o nível de escolaridade da criança, bem como outras informações fornecidas no questionário. Os dados obtidos foram registados em fichas pessoais especialmente concebidas para o efeito (APÊNDICE 1), com rubricas relativas a dados familiares e socioeconómicos, dados antropométricos (altura e peso), nível de higiene, sintomas clínicos, antecedentes de parasitoses intestinais, motivo de hospitalização e resultados de exames clínicos.

II.2.3. Métodos de análise aplicados

A. Exame parasitológico das fezes (PSE)

II.2.3.1. Exame parasitológico

As fezes foram codificadas e examinadas primeiro no Laboratório de Análises Médicas do Hospital El Idrissi em Kénitra, independentemente dos resultados de outras amostras recolhidas do paciente. As fezes recolhidas nos recipientes de plástico foram examinadas em todos os casos, menos de 24 horas depois de terem sido eliminadas, primeiro macroscopicamente para observar a sua consistência e a possível presença de anéis de Taenia, Ascaris adultos ou vermes. Em seguida, foram examinados microscopicamente, primeiro com uma pequena ampliação (x100) para detetar ovos e larvas de helmintos, depois com uma ampliação média (x400) para procurar formas vegetativas e císticas de protozoários (OMS, 2001). Uma única observação de exame direto ou de exame com lugol ou água fisiológica não é suficiente para determinar a negatividade da amostra analisada. Cada amostra foi examinada três vezes. Depois de analisadas macroscópica e microscopicamente, as fezes são conservadas em formol a 10% e depois analisadas no laboratório de biologia e saúde da Faculdade de Ciências de Kenitra. De seguida, foram examinadas segundo os métodos de enriquecimento recomendados pela OMS (2001).

II.2.3.2. Técnica de exame microscópico parasitológico

Procura ovos e larvas de helmintas, bem como formas vegetativas e císticas de protozoários. Indica também a presença de leucócitos, glóbulos vermelhos, elementos fúngicos, cristais e resíduos alimentares nas fezes. O exame microscópico envolve sempre o exame direto e duas técnicas de enriquecimento.

a. Exame direto

Este é o método mais simples, mais rápido e menos dispendioso de observar parasitas nas fezes. Mostra também a mobilidade das formas vegetativas dos protozoários. O método consiste em duas preparações, a primeira com água fisiológica e a segunda com lugol.

b. Exame direto com água fisiológica

Com a ajuda de um agitador, retira-se uma pequena partícula de matéria fecal e espalha-se entre uma gota de água fisiológica e uma lâmina coberta com uma lamela. A preparação deve ser fina e examinada na sua totalidade; primeiro com uma ampliação (obj x 10), uma vez identificados os elementos parasitários suspeitos, estes são confirmados com uma ampliação (obj x 40).

c. Exame direto com lugol

Seguir os mesmos procedimentos acima descritos, exceto que a gota de água fisiológica é substituída por uma gota de lugol.

Lugol :

Iodo = 1 grama

Iodeto de potássio = 2 gramas Água destilada = 100 ml

Esta solução revela a morfologia interna dos protozoários e o conteúdo dos quistos, tornando-os muito mais fáceis de identificar.

II.2.3.3. Técnicas de enriquecimento utilizadas

Para além do exame direto, são utilizados métodos complementares para diagnosticar os parasitas nas fezes. As técnicas de enriquecimento para detetar ovos, larvas e quistos e as técnicas de coloração permanente para detetar formas vegetativas e quísticas são as mais utilizadas.

O objetivo destas técnicas de enriquecimento é concentrar os elementos parasitários que são demasiado raros para serem detectados por exame direto. A técnica ideal para concentrar todos os elementos parasitários ainda não existe (OMS, 2003), o que explica o grande número de métodos propostos.

As duas técnicas de enriquecimento normalizadas utilizadas no presente estudo para o exame de fezes são as seguintes

a. Método WILLIS (OMS, 2001)

Concentra, por flotação, os parasitas presentes nas fezes. O líquido de diluição é uma solução aquosa saturada de cloreto de sódio. Cloreto de sódio puro cristalizado = 250 gramas Água destilada = 750 ml

Preparação :

Misturar 2 gramas de fezes em 20 ml de líquido de diluição. Encher um tubo de hemólise com a mistura obtida até que o líquido fique nivelado com o bordo e forme um menisco saliente sobre o qual se pode passar uma lâmina, tendo o cuidado de não incluir quaisquer bolhas de ar. Deixar repousar durante uma hora. Os ovos de helmintas aderem à lâmina. Virar a lâmina, cobrir a zona que esteve em contacto com o líquido com uma lamela e examinar ao microscópio. Esta técnica é particularmente recomendada para a deteção de ovos de helmintas (OMS, 2001).

b. Método RITCHIE (OMS, 2001)

Uma quantidade de 2 gramas de fezes é diluída em 20 ml de água formulada a 10%, sendo depois peneirada numa peneira. Recolhe-se 2 ml do filtrado num tubo de centrifugação ao qual se adiciona 1 ml de éter. Tapar o tubo e agitar para obter uma emulsão homogénea. Centrifugar durante 2 minutos a 2000 rpm. Obtêm-se quatro camadas: (1) uma camada etérea ligeiramente amarelada, (2) uma camada espessa contendo detritos, (3) uma camada formolizada e um pellet (4) contendo os ovos, quistos e larvas do parasita. O tubo é esvaziado rapidamente. Utiliza-se uma pipeta para recuperar o sedimento centrifugado, que é examinado entre uma lâmina e uma lamela (figura 2). Esta técnica é recomendada para a deteção de protozoários (OMS, 2001).

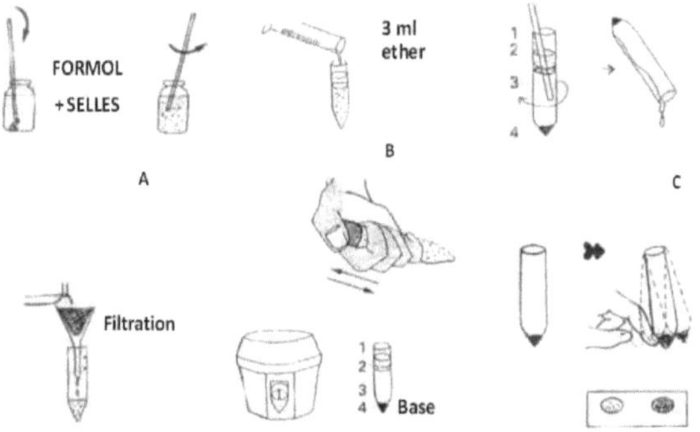

Figura 2: (Diagramas: retirados de Manuel des techniques de base pour le laboratoire médical, Organização Mundial de Saúde, Genebra 1982).

c. O teste anal de Scotch (OMS, 2001)

Aplicar o lado adesivo de uma pequena fita adesiva à volta do ânus da criança, de manhã, antes da lavagem e da defecação. Colar a fita numa lâmina e examinar ao microscópio. Esta técnica é utilizada para procurar ovos de traça (Enterobius vermicularis). No presente estudo, esta técnica foi efectuada apenas em crianças com idades compreendidas entre um e nove anos, que apresentavam prurido anal como sinal de alerta (172 crianças).

B. Análise estatística dos dados

Os dados foram registados e analisados utilizando o software SPSS (versão 10). A associação entre os potenciais factores de risco e o parasitismo intestinal foi medida utilizando um modelo de regressão logística. A diferença foi considerada significativa para p :S 0,05.

III. RESULTADOS

III.1. Caraterísticas das crianças inquiridas

O número planeado de testes era de 320 amostras. No entanto, apenas 300 foram analisadas. As restantes 20 não foram incluídas no estudo por várias razões (impossibilidade de defecar, recusa de participar, alta do doente, etc.).

III.1.1. Repartição das crianças por serviço e motivo de hospitalização

As 300 crianças que examinámos no Hospital El Idrissi de Kénitra estavam distribuídas da seguinte forma: 206 crianças hospitalizadas no serviço de pediatria, com uma percentagem de 68,67%, e 94 crianças hospitalizadas no serviço de cirurgia infantil, com uma percentagem de 31,33% (quadro 1). Das 300 crianças examinadas, 42 foram hospitalizadas por gastroenterite aguda (14%), 47 por anemia falciforme (15,67%), 47 por broncopneumonia (15,67%) e 12 por apendicite aguda (4%). Os outros motivos foram: ferimentos, queimaduras, acidentes de viação (Quadro 1).

Quadro 1: Repartição das crianças inquiridas por departamento e causa de hospitalização ParâmetrosN = 300

Serviço	Trabalhadores	%
Pediatria	206	68,67
Cirurgia Pediátrica	94	31,33
Total	300	100,00
Causa da hospitalização	Frequência	%
Anemia falciforme	47	15,67
Bronco-pneumonia	47	15,67
Gastroenterite aguda (GEA)	42	14,00
Apendicite aguda (AA)	12	4,00
Hérnia	22	7,33
Desidratação aguda (DHA)	21	7,00
Meningite	9	3,00
Intoxicação alimentar (IA)	7	2,33
Outros motivos (ferimentos, queimaduras, acidente de viação, etc.)	93	31,00
Total	300	100,00

III.1.2. Repartição das crianças inquiridas por origem

A Tabela 38 mostra que a cidade de Kénitra foi a que teve o maior número de crianças hospitalizadas: 35,33% do total da amostra (106/300). As outras crianças das cidades e aldeias da região: Sidi Yahia, Sidi Slimane, Souk Larbaa du Gharb e M'nasra tiveram 39, 41, 40 e 38 crianças, respetivamente (Tabela 2).

Quadro 2: Repartição geográfica das crianças inquiridas, por origem

Cidades/Comunidades	Trabalhadores	%
Kenitra	106	35,33
Sidi Yahia	40	13,33
Sidi Slimane	41	13,67
Sidi Allal Tazi	18	6,00
Souk Larbaa du Gharb	39	13,00
Belksiri	9	3,00
M'nasra	38	12,67
Mehdia	7	2,33
Sidi Taibi	2	0,67
Total	300	100,00

III.1.3. Repartição das crianças por sexo, idade e ambiente

A proporção de homens é maior do que a de mulheres. Esta diferença é estatisticamente significativa. As crianças com idades compreendidas entre 1 e 4 anos representam 39,33% das crianças inquiridas. Os outros grupos etários foram, respetivamente, 21,33%, 21,33% e 18% para os grupos etários com menos de 1 ano, 10 a 16 anos e 5 a 9 anos. A percentagem de crianças inquiridas das zonas rurais é superior à calculada para as crianças das zonas urbanas (65% nas zonas rurais em comparação com 35% nas zonas urbanas) (Quadro 3).

Quadro 3: Repartição das crianças inquiridas por sexo, idade e local de residência Parâmetros N = 300

	Trabalhadores	%
Género Rapazes Raparigas	203 97	67,67 32,33
Idade (anos)< 1	64	21,33
1 - 4	118	39,33
5 - 9	54	18,00
10 - 16	64	21,33
Ambiente Urbano Rural	105	35
	195	65

III.1.4. Critérios de qualidade de vida das crianças inquiridas

O quadro 4 apresenta o número de crianças inquiridas por qualidade de vida (pessoas/agregado familiar, número de irmãos/agregado familiar, número de divisões/agregado familiar, tipo de habitação, presença ou ausência de casa de banho privativa, saneamento líquido, recolha de lixo doméstico e abastecimento de água potável).

Quadro 4: Distribuição das crianças por critérios de qualidade de vida

Critérios de vida

	Trabalhadores	%
Pessoas / agregado familiar		
:S a 5	158	52,67
> à 5	142	47,33
N.º de irmãos / agregado familiar		
:S a 5	275	91,67
> à 5	25	8,33
N.º de divisões / lareira		
:S a 2	224	74,67
> à 2	76	25,33
Tipo de habitat		
Dur Bidonvilles	172	57,33
	128	42,67
Casa de banho privativa		
Presente Ausente	238	79,33
	62	20,67
Drenagem de líquidos Sistema de		
esgotos Fossa séptica	105	35,00
Céu aberto	118	39,33
	77	25,67

N = 300

eliminação dos resíduos da tampa		
Recolha pública Caixote do lixo coletivo	82	27,33
Perto do hall de entrada	61	20,33
	157	52,33
AEP		
Rede de água potável Poço	123	41,00
Fonte pública	107	35,67
Outras nascentes (Oued, Sagia, etc.)	67	22,33
	3	1,00

275 casos de crianças com menos ou igual a cinco irmãos por agregado familiar (91,67%) e 25 casos de crianças com mais de cinco irmãos por agregado familiar (8,33%). A distribuição por número de divisões por agregado familiar mostrou que 74,67% das crianças inquiridas tinham mais de duas divisões por agregado familiar, enquanto as restantes tinham apenas 25,33%. A maioria das

crianças inquiridas (79,33%) tinha uma casa de banho privada em casa, e quase 57,67% destas crianças viviam em habitações sólidas ou semi-sólidas e 42,67% em bairros de lata. Estes números reflectem a natureza periurbana ou rural das localidades de origem da nossa população infantil. Quando analisámos a dimensão da família, verificámos que o número de pessoas no agregado familiar era igual para as duas categorias (:S a 5 pessoas/agregado familiar e > 5 pessoas/agregado familiar). A análise da distribuição das crianças inquiridas mostra que 41% estão ligadas à rede de água potável, 35,67% utilizam água de poços e 22,33% utilizam água de fontes públicas. De acordo com a disponibilidade de casas de banho privadas em casa, 20,67% das crianças inquiridas têm casa de banho privada. Verificámos também que 25,67% e 39,33%, respetivamente, dispunham de um sistema de saneamento líquido a céu aberto ou por fossa séptica, estando os restantes ligados à rede de esgotos. No que diz respeito ao destino dos resíduos sólidos, 52,33% das famílias das crianças inquiridas dispunham de destino do lixo doméstico perto de casa, 20,33% dispunham de caixote do lixo comunitário e 27,33% dispunham de recolha pública de lixo. Estes valores estão em conformidade com os outros parâmetros utilizados para caraterizar a situação periurbana e rural das localidades de origem da nossa população.

III.1.5. Aplicações de higiene, sintomas e parasitoses anteriores nas crianças inquiridas

A repartição por nível de higiene, perturbações digestivas e parasitoses anteriores é apresentada no Quadro 5. Cinquenta e oito das crianças inquiridas (19,33%) tinham as unhas sujas, o que indica uma má higiene das mãos. Quase 71,33% das crianças inquiridas usavam apenas água para lavar as mãos antes de cada refeição, em comparação com 2,33% que não usavam. Na altura do exame, as fezes eram pastosas, moles ou muito raramente moldadas em 64,33%, líquidas ou semi-líquidas em 35,67% da amostra total. Constatámos a presença de diarreia aguda (> 3 dias) em 23,67% das crianças inquiridas (71 casos). Apenas 7,67% (23 casos) e 2,67% (8 casos) apresentavam diarreia persistente (> 2 semanas) e diarreia crónica (> 4 semanas), respetivamente. As fezes não eram diarreicas em 198 casos, ou seja, 66% da população inquirida. O quadro clínico foi dominado por dor abdominal, observada em 34,67% dos casos, vómitos (4,33%) e anorexia (4,33%). O prurido anal estava presente em 8% das crianças inquiridas. 48% das crianças examinadas não apresentavam sinais de perturbações digestivas ou de dores. A bulimia foi registada em duas crianças hospitalizadas. A evolução clínica foi favorável para todas as crianças examinadas. Em termos de antecedentes de parasitose, 24,67% das crianças examinadas tinham sido infestadas por parasitas digestivos, nomeadamente helmintas (Ascaris, oxiúros, etc.).

Quadro 5: Repartição das crianças inquiridas por higiene pessoal, perturbações digestivas e parasitoses anteriores Parâmetros

	Frequência	%
Estado das unhas Salas médias limpas	122 120 58	40,67 40,00 19,33
Lavagem das mãos antes das refeições Não Sim (água) Sim (água + sabão)	7 214 79	2,33 71,33 26,33
Doenças do aparelho digestivo		

N = 300

Nenhum Dor abdominal Anorexia Bulimia Vómitos Prurido anal	144 104 13 2 13 24	48,00 34,67 04,33 00,67 04,33 08,00
Tipos de diarreia Diarreia aguda > 3 dias Diarreia persistente > 2 Semanas Diarreia crónica > 4 Semanas Fezes não diarreicas	71 23 8 198	23,67 07,67 02,67 66,00
Aspeto do banco Sólido - Bolorento Macio Semi-líquido Líquidos	73 120 66 41	24,33 40,00 22,00 13,67
Parasitose anterior Não Sim	226 74	75,33 24,67

III.1.6. Critérios de educação e nível socioeconómico

A Tabela 6 mostra o número de crianças inquiridas por nível de escolaridade. Quase 70% das crianças inquiridas não frequentavam a escola. 4% frequentavam o ensino secundário, mesquitas e creches. A repartição por profissão dos pais mostra que 145 crianças (48,33%) têm um pai agricultor. Isto reflecte a vocação agrícola das localidades de origem (Souk Larbaa du Gharb, Banlieue de Kénitra, Sidi Slimane, Sidi Yahia e a utilização das águas residuais e do Oued Sebou e seus afluentes para a agricultura. Assim, 38,67% têm um pai que é empregado (pedreiro, carpinteiro, operário, jardineiro, etc.). A maioria das mães da população infantil inquirida são donas de casa (292, ou seja, 97,33%) e trabalham temporariamente na agricultura. Oito mães (2,67%) trabalham sazonalmente.

Quadro 6: Repartição das crianças inquiridas por nível de escolaridade e profissão do pai e da mãe

Parâmetros

	Trabalhadores	%
Nível escolar Escola primária Escola secundária Mesquita/Cuidados infantis Fora da escola	 69 12 12 207	 23,00 4,00 4,00 69,00
Profissão do pai Não Agricultor Empregado Funcionário Público Outro (Decidido, Reformado, ...)	 12 145 116 15 12	 4,00 48,33 38,67 5,00 4,00
Ocupação da mãe Dona de casa Empregado Funcionário público	 292 6 2	 97,33 2,00 0,67

N = 300

III.2. Prevalência global de parasitismo intestinal nas crianças inquiridas

III.2.1. Prevalência global de parasitismo intestinal

Das 300 crianças examinadas, 157 eram portadoras de um ou mais parasitas intestinais, o que corresponde a uma prevalência global de 52,3% (IC 95%: 21,6-39,6). Globalmente, os resultados mostram que uma em cada duas crianças está infetada. Não se registou uma variação significativa da prevalência global em função do sexo. Dos 203 rapazes examinados, 114 (56,16%) estavam infectados. Das 97 raparigas examinadas, 43 (44,3%) eram portadoras do parasita. A análise estatística mostra que a diferença observada é significativa ($p<0,05$).

III.2.2. Estudo das associações parasitárias

A análise qualitativa do poliparasitismo revelou 15,2% (24/157) de casos positivos no caso de associações com duas espécies de protozoários e 3,1% (5/157) de casos positivos no caso de associações com três espécies de protozoários (quadros 7 e 8). Registou-se apenas um caso de pentaparasitismo, ou seja, 0,63% dos casos positivos (quadro 9).

Tabela 7: Número de casos de associações parasitárias de dois protozoários

Associações parasitárias	N.º de caso
Entamoeba histolytica/dispar + +. Blastocystis hominis	2
Entamoeba histolytica/dispar + +. Entamoeba coli	2
Entamoeba coli + Blastocystis hominis	9
Entamoeba coli + Iodamoeba butsclii	1
Entameoba coli + Giardia intestinalis	5
Giardia intestinalis + Blastocystis hominis	5
Total	24

Tabela 8: Número de casos de associações parasitárias de três protozoários

Associações parasitárias	N.º de casos
Entamoeba coli + Blastocystis hominis + Iodamoeba butsclii	1
Entamoeba histolytica + Entamoeba coli + Iodamoeba butsclii	1
Entameoba coli + Giardia intestinalis + Blastocystis hominis	2
Entameoba coli + Giardia intestinalis + Iodamoeba butsclii	1
Total	5

Tabela 9: Número de casos de associações parasitárias de cinco protozoários.

Associações parasitárias	N.º de caso
Entamoeba histolytica/dispar + Entamoeba coli + Giardia intestinalis + Blastocystis hominis + Iodamoeba coli	1
Total	1

As combinações com duas espécies de helmintos representaram 14,6% (23/157) dos casos positivos (Quadro 10). 38 crianças estavam parasitadas simultaneamente por um protozoário e um helminto, ou seja, 24,2% dos casos positivos (quadros 11 e 12).

Quadro 10: Número de casos de associações parasitárias de dois helmintos

Associações parasitárias	N.º de caso
Ascaris lumbricoides + Trichuris trichiura	14
Ascaris lumbricoides + Enterobius vermicularis	6
Ascaris lumbricoides + Hymenolepis nana	1
Ascaris lumbricoides + Taenia saginata	1
Enterobius vermicularis + Taenia saginata	1
Total	23

Quadro 11: Número de casos de associações mistas de dois parasitas

Associações parasitárias	N.º de caso
Ascaris lumbricoides + Blastocystis hominis	3
Ascaris lumbricoides + Entamoeba coli	6
Ascaris lumbricoides + Giardia intestinalis	1
Trichuris trichuira + Entamoeba coli	1
Enterobius vermicularis + Blastocystis hominis	4
Enterobius vermicularis + Entamoeba histolytica/dispar	2
Enterobius vermicularis + Endolimax nana	5
Enterobius vermicularis + Giardia intestinalis	2
Hymenolepis nana + Blastocystis hominis	1
Taenia saginata + Entamoeba coli	1
Total	26

Quadro 12: Número de casos de associações mistas de três parasitas

Associações parasitárias	N.º de caso
Ascaris lumbricoides + Trichuris trichiura + Entamoeba coli	2
Ascaris lumbricoides + Enterobius vermicularis + Hymenolepis nana	1
Ascaris lumbricoides + Entamoeba coli + Blastocystis hominis	1
Enterobius vermicularis + Blastocystis hominis + Iodamoeba butsclii	1
Enterobius vermicularis + Taenia saginata + Blastocystis hominis	1
Enterobius vermicularis + Entamoeba coli + Blastocystis hominis	4
Enterobius vermicularis + Giardia intestinalis + Iodamoeba butschlii	1
Hymenolepis nana + Entamoeba coli + Blastocystis hominis	1
Total	12

III.2.3. Índice de poliparasitismo (PPI)

Este índice exprime o número de crianças poliparasitas em relação ao número total de crianças examinadas. Das 300 crianças examinadas, encontrámos 91 crianças poliparasitadas, o que representa uma taxa de 30,3%. O biparasitismo foi responsável por 24,3% (73 casos) das crianças parasitadas, o triparasitismo por 5,7% (17 casos) e o pentaparasitismo por 0,3% (1 caso) desses casos positivos (Tabela 13).

Quadro 13: Poliparasitismo nas crianças examinadas

Número de espécies de parasitas	Trabalhadores	%
2	73	24,3
3	17	5,7
5	1	0,3
PPI	91	30,3%

I.P.P: Índice de poliparasitismo

III.3. Estudo da prevalência do parasitismo intestinal

III.3.1. Prevalência de parasitas por unidade hospitalar

A Tabela 14 mostra que a taxa de parasitismo intestinal foi relativamente igual entre as crianças internadas na enfermaria de pediatria (46,12%) e as internadas na enfermaria de cirurgia infantil (65,96%). O teste Chi-2 revelou uma diferença significativa ($p < 0,05$).

Quadro 14: Resultados dos exames parasitológicos de fezes, por unidade hospitalar

	Resultados EPS				Qui-quadrado 2	P	IC (95%)
Serviço	Crianças não parasitas	%	Crianças parasitas	%			
Pediatria	111	5,34	95	46,12	10,1	0,000	1,33 - 3,9
Cirurgia Crianças	32	34,04	62	65,96			
Total	143	47,67	157	52,33			

III.3.2. Prevalência de parasitas por motivo de hospitalização

As manifestações clínicas que levaram à hospitalização foram maioritariamente dominadas pela anemia falciforme, gastroenterite aguda e apendicite aguda. Das 47 crianças anémicas, 33 (70,21%) tinham parasitas. Para além disso, das 12 crianças hospitalizadas com apendicite aguda, havia 10 casos de parasitismo intestinal. Das 42 crianças hospitalizadas com gastroenterite aguda, 13 (30,95%) tinham parasitas (Tabela 15). Os dados estatísticos baseados no exame parasitológico das fezes das crianças hospitalizadas sugerem, portanto, uma provável relação entre o motivo da hospitalização, nomeadamente a anemia, a apendicite aguda (AA) e a gastroenterite aguda (AGE), e o parasitismo intestinal nas crianças examinadas ($p < 0,05$).

Quadro 15: Resultados dos exames parasitológicos de fezes, por motivo de hospitalização

Motivo da hospitalização	Resultados EPS				Qui-quadrado 2	P	IC (95%)
	Crianças não parasitas	%	Crianças com parasitas	%			
Anemia falciforme	14	29,79	33	70,21	32,60	0,000	1,10 - 2,40
Bronco-pneumonia	29	61,70	18	38,30			
Gastroenterite aguda (GEA)	29	69,05	13	30,95			
Apendicite aguda (AA)	2	16,67	10	83,33			
Hérnia	8	36,36	14	63,64			
Desidratação aguda (DHA)	16	76,19	5	23,81			
Meningite	3	33,33	6	66,67			
Intoxicação alimentar (IA)	2	28,57	5	71,43			
Outras causas (Queimadores, Acidente Vascular Cerebral, Fratura, Febre, ...)	40	43,01	53	56,99			
Total	143	47,67	157	52,33			

III.3.3. Prevalência de parasitas por cidade de origem das crianças

A Tabela 16 mostra o número e a percentagem de crianças com parasitas de acordo com as diferentes localidades de origem da população infantil inquirida no Hospital El Idrissi. A prevalência de parasitose intestinal é mais elevada entre as crianças de cidades ou comunas predominantemente rurais (Belksiri, Souk Larbaa du Gharb, Sidi Allal Tazi, Sidi Sliman, Sidi Yahiya e M'nasra) localizadas a oeste na costa atlântica. São mais baixas nas crianças que vivem na cidade de Kénitra centre e na comuna de Mehdia. A distribuição da prevalência do parasitismo intestinal segundo a origem das crianças examinadas mostra um predomínio entre os indivíduos provenientes de comunas ou localidades caracterizadas por uma fraca dimensão populacional e por infra-estruturas menos desenvolvidas ($p<0,000$).

Quadro 16: Resultados dos exames parasitológicos de fezes por origem das crianças hospitalizadas

	Resultados EPS				
Cidades/Comunidades	N.º de casos negativo	%	N.º de casos positivo	%	Total
Kenitra	65	61,32	41	38,68	106
Sidi Yahia	21	52,50	19	47,50	40
Sidi Slimane	16	39,02	25	60,98	41
Sidi Allal Tazi	6	33,33	12	66,67	18
Souk Labaa de Gharb	13	33,33	26	66,67	39
Belksiri	2	22,22	7	77,78	9
M'nasra	15	39,47	23	60,53	38
Mehdia	4	57,14	3	42,86	7
Sidi Taibi	1	50,00	1	50,00	2
Total	143	47,67	157	52,33	300

III.3.4. Prevalência de parasitas por sexo

Um total de 157 crianças testou positivo para parasitas, incluindo 114 rapazes (56,16%) e 43 raparigas (44,33%), o que dá um rácio de sexo de 2,6. O teste Chi-2 revelou uma diferença significativa (p < 0,05) (Tabela 17).

Tabela 17: Resultados dos exames parasitológicos de fezes por sexo

Género	Resultados EPS Crianças sem parasitas	%	Crianças com parasitas	%	Qui-quadrado 2	P	IC (95%)
Rapaz	89	43,84	114	56,16	3,7	0,03	0,37 - 1,04
Rapariga	54	55,67	43	44,33			
Total	143	47,67	157	52,33			

III.3.5. Prevalência de parasitas por idade

A idade média das 300 crianças inquiridas nos serviços de pediatria e cirurgia infantil foi de 57,7 ± 52,47 meses (1 mês - 16 anos). A distribuição etária da prevalência do parasitismo intestinal revela um predomínio nas crianças com idades compreendidas entre os 5 e os 9 anos (Tabela 18). Verificamos também que as crianças são infestadas desde muito cedo e mesmo antes de um ano de idade (4,69%). O teste Chi-2 revelou uma diferença altamente significativa (p < 0,05).

Quadro 18: Resultados da parasitologia das fezes por idade

Faixa etária	Crianças sem parasitas	Resultados EPS %Crianças com parasitas		%	Qui-quadrado 2	P	IC (95%)
< 1 ano	61	95,31	3	4,69			
1 - 4 anos	44	37,29	74	62,71	23,5	0,000	0,98 - 0,90
5 - 9 anos	12	22,22	42	77,78			
10 - 16 anos	26	40,63	38	59,38			
Total	143	47,67	157	52,33			

III.3.6. Prevalência de parasitas por local de residência

A Tabela 19 mostra que 31,43% ou 33 das 105 crianças examinadas que viviam em áreas urbanas eram portadoras de parasitas intestinais. Esta taxa subiu para 63,59% nas crianças que viviam em zonas rurais. A prevalência do parasitismo intestinal foi significativamente mais elevada nas zonas rurais do que nas zonas urbanas ($p < 0,05$).

Quadro 19: Resultados da parasitologia das fezes por local de residência

Ambiente	Crianças sem parasitas	%	Crianças com parasitas	%	Qui-quadrado 2	P	IC (95%)
Urbano	72	68,57	33	31,43	28,3	0,000	2,22 - 6,56
Rural	71	36,41	124	63,59			
Total	143	47,67	157	52,33			

III.3.7. Prevalência de parasitas de acordo com critérios de estilo de vida

De acordo com os resultados apresentados na tabela 20, não houve diferença entre os riscos de ter parasitismo intestinal de acordo com o número de pessoas que moram na mesma casa ($p > 0,05$). No entanto, houve diferença significativa no risco de parasitismo intestinal de acordo com o número de irmãos que vivem no mesmo domicílio ($p < 0,05$). Também não houve associação significativa entre o parasitismo intestinal e o número de divisões do mesmo agregado familiar ($p > 0,05$). Viver numa habitação sólida parece ser um fator de proteção contra a infestação por parasitas intestinais ($p < 0,05$). A Tabela 56 mostra a distribuição das crianças inquiridas de acordo com a presença ou ausência de casas de banho privadas nas suas casas. Isto mostra que as crianças que vivem em casas com casas de banho privadas foram tão frequentemente parasitadas (49,16%) como as crianças que vivem em casas sem casas de banho privadas (64,52%)(p < 0,05). A ligação à rede de esgotos líquidos parece proteger contra a infestação por parasitas intestinais. Houve uma associação significativa entre o parasitismo intestinal e o tipo de saneamento líquido: fossas sépticas e descarga a céu aberto (p < 0,05). Para o saneamento sólido, o teste Chi-2 revelou uma diferença significativa (p < 0,05). Além disso, a disponibilidade de água potável e a ligação à rede parecem proteger contra o parasitismo intestinal (p < 0,05).

Tabela 20: Resultados dos exames parasitológicos de fezes de acordo com os critérios de vida das crianças

	Resultados		EPS		Análise estatística		
N.º de pessoas por agregado familiar	Crianças sem parasitas	%	Crianças com parasitas	%	Qui-quadrado 2	P	IC (95%)
:S a 5	85	53,8	73	46,20			
> à 5	58	40,85	84	59,15	1.6	0.207	0.69 -
Total	143	47,67	157	52,33			1,08
N.º de irmãos por agregado familiar	Crianças sem parasitas	%	Crianças parasitas	%	Qui-quad	P	IC (95%)
:S a 5	134	48,73	141	51,27			
> à 5	9	36,00	16	64,00	14.3	0.050	
	143	47,67	157	52,33			2,15
N.º de divisões / lareira	Crianças sem parasitas	%	Crianças parasitas	%	Qui-quad	P	IC (95%)
:S a 2	113	50,45	111	49,55			
> à 2	30	39,47	46	60,53	7.7	0.360	
Total	143	47,67	157	52,33			1,10
Tipo de habitat	Crianças sem parasitas	%	Crianças parasitas	%	Qui-quad	P	IC (95%)
Difícil	95	55,23	77	44,77			
Caixotes do lixo	48	37,50	80	62,50	10.3	0.006	
Total	143	47,67	157	52,33			0,83
Casa de banho parasitas	Crianças não		Crianç parasitas		Qui-2	P	IC (95%)
Presente	121	50,84	117	49,16			
Ausente	22	35,48	40	64,52	4.7	0.030	
Total	143	47,67	157	52,33			3,53
Saneamento de líquidos	Crianças não parasitas%		Crianças parasit %		Qui-quad	P	IC (95%)
Rede	69	65,71	36	34,29			
Fosso	48	40,68	70	59,32	21,9	0,000	0,45 -
Céu aberto	26	33,77	51	66,23			1.47
Total	143	47,67	157	52,33			

Tratamento de resíduos sólidos	Crianças não parasitas%		Crianças parasit		Qui-quad	P	IC (95%)
Coleção pública	56	68,29	26	31,71			
Contentor coletivo	29	47,54	32	52,46	21,2	0,000	0,48 -
Perto do hall de	58	36,94	99	63,06			1.18
Total	143	47,67	157	52,33			
AEP	Crianças sem% parasitas		Crianças% parasitas		Qui-quad	P	IC (95%)
Rede de água	77	62,60	46	37,40			
Bem	46	42,99	61	57,01			
Fonte pública	19	28,36	48	71,64	22,2	0,000	0,44 -
Outras fontes (Oued,							1,10
Sagia, ...)							
Total	143	47,67	157	52,33			

III.3.8. Prevalência de parasitas de acordo com a higiene pessoal, distúrbios digestivos e parasitoses anteriores

A Tabela 21 mostra que apenas 122 das crianças examinadas tinham um nível correto de higiene em termos da condição das suas unhas. Assim, 42 das 58 crianças (72,41%) e 77 das 120 crianças examinadas (64,17%) estavam parasitadas e tinham um nível médio ou mau de higiene em termos de limpeza das unhas. O teste Chi-2 revelou uma diferença significativa ($p < 0,05$). 22 crianças de 79 (27,85%) inquiridas que declararam lavar corretamente as mãos com água e sabão antes de cada refeição estavam infectadas, e 131 crianças de 214 (61,21%) que só ocasionalmente tomavam esta precaução estavam infectadas (lavavam apenas com água). Enquanto que 4 em cada 7 crianças que não lavavam as mãos com água e sabão estavam infectadas. A influência da higiene individual é considerável, como mostra a análise estatística ($p < 0,05$).A diarreia aguda foi constatada em 32 das crianças parasitadas (45,07%), a diarreia persistente em 9 casos entre 23 crianças (39,13%) e em 5 crianças parasitadas, a diarreia era crónica (62,5 %). Das 198 crianças examinadas com fezes não diarreicas, 111 (56,06%) tinham parasitas. Não houve diferença entre a parasitose intestinal e a consistência das fezes (p= $p > 0,05$).

Outros sinais funcionais incluíram: 6 casos de vómitos (46,15%), 24 casos de prurido anal (100%) e 58 casos de dor abdominal difusa (55,77%) em crianças com parasitas. Das 144 crianças sem problemas digestivos, 62 estavam infectadas (43,06%). A diferença foi estatisticamente significativa ($p < 0,05$). 79,73% das 74 crianças examinadas que tinham uma história de parasitose intestinal eram portadoras de parasitas, em comparação com 43,36% das 226 crianças inquiridas que não tinham uma história de parasitose intestinal.

Tabela 21: Resultados dos testes parasitológicos de fezes de acordo com a higiene pessoal, distúrbios digestivos e parasitose anterior nas crianças inquiridas

Parâmetros	Resultados EPS				Análise estatística		
Condição das unhas	Crianças sem parasitas	%	Crianças com parasitas	%	Qui-quadrado 2	P	IC (95%)
Próprio	84	68,85	38	31,15	38,1	0,000	0,26 - 0,52
Médio próprio	43	35,83	77	64,17			
Quarto	16	27,59	42	72,41			
Total	143	47,67	157	52,33			
Lavagem das mãos	Crianças sem parasitas	%	Crianças parasitas	%	Qui-quad	P	IC (95%)
Não	3	42,86	4	57,14			
Sim (água)	83	38,79	131	61,21	25,8	0,000	2,01 - 5,73
Sim (água e	57	72,15	22	27,85			
Total	143	47,67	157	52,33			
Doenças do aparelho	Crianças sem parasitas	%	Crianças parasitas	%	Qui-quad	P	IC (95%)
Não	82	56,94	62	43,06			
Dor abdominal	46	44,23	58	55,77			
Anorexia	8	61,54	5	38,46	30,4	0,000	2,15
Bulimia	0	0,00	2 0				
Vómitos	7	53,85	6	46,15			
Prurido anal	0	0,00	24	100,00			
Total	143	47,67	157	52,33			
Tipos de diarreia	Crianças não parasitas	%	Crianças parasitas	%	Qui-quad	P	IC (95%)
Diarreia aguda > Dias	39	54,93	32	45,07	4,54	0,208	0,45 - 1,58
Diarreia > 2 semanas	14	60,87	9	39,13			
Diarreia crónica > 4 semanas	3	37,5	5	62,5			
Sem banco diarreia	87	43,94	111	56,06			
Total	143	47,67	157	52,33			

Aspeto das fezes	Crianças não parasitados	%	Crianças parasitas	%	Qui-quadrado 2	P	IC (95%)
Sólido -	35	47,95	38	52,05			
Suave	48	40,00	72	60,00			
Semi-líquidos	31	46,97	35	53,03	3.68	0.060	
Líquidos	29	70,73	12	29,27			1,01
Total	143	47,67	157	52,33			

Parasitas antecedentes	Crianças não parasitas	%	Crianças parasitas	%	Qui-quadrado 2	P	CI (95%)
Não	128	56,64	98	43,36			
Sim	15	20,27	59	79,73	29.5	0.000	
Total	143	47,67	157	52,33			9,59

III.3.9. Prevalência de parasitas de acordo com o nível e a ocupação da mãe e do pai

A profissão do pai é um fator que influencia a ocorrência de parasitismo intestinal. De facto, obtivemos percentagens elevadas entre os filhos de agricultores (90 crianças parasitadas em 145, ou seja, 62,07%). Os filhos de agricultores estavam mais expostos à parasitose intestinal do que os seus homólogos cujos pais não eram agricultores. No entanto, os resultados obtidos mostram uma diferença significativa entre as crianças de diferentes categorias profissionais do pai ($p < 0,05$). A prevalência de parasitas também é maior entre as crianças cujas mães trabalham na agricultura e em casa (53,42%), enquanto que é de apenas 16,67% entre as crianças cujas mães trabalham fora de casa (empregadas) (Tabela 22). A análise estatística mostra que a diferença observada não é significativa ($p < 0,05$).

Quadro 22: Resultados dos exames parasitológicos das fezes das crianças, por nível de escolaridade e profissão do pai e da mãe

Nível escolar	Crianças sem parasitas	Resultados EPS %Crianças com parasitas		%	Qui-2	P	IC (95%)
Primário	30	37,04	51	62,96	17,8	0,570	1,03 - 1,2
Faculdade	5	41,67	7	58,33			
Fora da escola	108	52,17	99	47,83			
Total	143	47,67	157	52,33			
Profissão do pai	Crianças não%		Crianças parasitas		Qui-quad	P	IC (95%)
Sem	7	58,33	5	41,67			
Agricultor	55	37,93	90	62,07			
Empregado	65	56,03	51	43,97			
Funcionário	11	73,33	4	26,67	14,6	0,012	0,94 - 1,6
Outro (Reformado,	5	41,67	7	58,33			
Total	143	47,67	157	52,33			
Profissão da mãe	Crianças não parasitas		Crianças parasitas		Qui-quad	P	IC (95%)
Dona de casa	136	46,58	156	53,42			
+ Agricultor							
Empregado	5	83,33	1	16,67	5,4	0,067	0,97 -
Funcionário	2	100,00	0	0,00			7,35
Total	143	47,67	157	52,33			

III.4. Prevalência específica de parasitismo intestinal nas crianças inquiridas

Dessas crianças pesquisadas, 73 casos, ou seja, 24,3%, eram portadores de amebas; 50 crianças examinadas estavam parasitadas por Entamoeba coli (Foto 1), ou seja, 16,6% dos casos examinados, e Entamoeba histolytica/dispar (Foto 2) foi encontrada em 12 crianças, ou seja, uma taxa de prevalência de 4%. Iodomoeba butschili (Foto 3) foi diagnosticada em 10 crianças, ou seja, uma prevalência de 3,3%, e houve apenas um caso de parasitismo intestinal por Endolimax nana (Foto 4), ou seja, uma prevalência de 0,3% dos exames realizados. (Tabela 23). No grupo dos flagelados, uma única espécie, Giardia intestinalis (Foto 5), foi responsável por 7,3% (22 casos). A espécie Blastocystis hominis também foi responsável por 15% (45 casos) (Foto 6). No grupo dos helmintos, os vermes estão em primeiro lugar, sendo que Enterobius vermicularis (Foto 7) representou sozinho 18,3% dos vermes parasitas encontrados (55 casos) e 35% dos testes positivos. Os outros dois nemátodos encontrados nas fezes das crianças examinadas foram o Ascaris lumbricoides

(Foto 8) e o Trichuris trichuira (Foto 9), com prevalências de 15,3% (46 casos) e 5,7% (17 casos) respetivamente. Quanto aos cestódeos, os principais foram Hymenolepis nana (Foto 10) e Taenia saginata (Foto 11), com prevalências muito baixas de 2% e 1,3% respetivamente (Tabela 12).

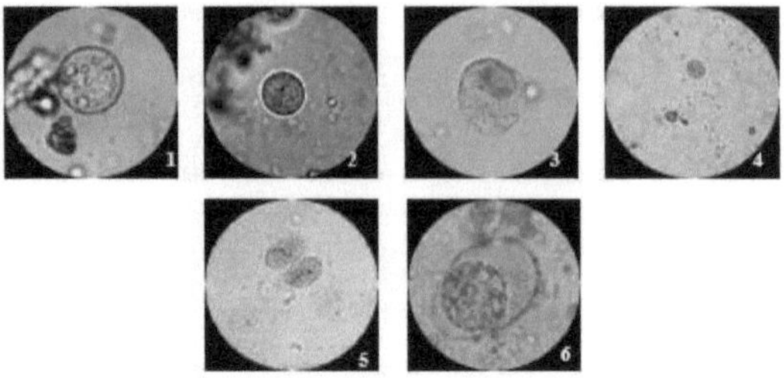

Quistos de protozoários :

Entamoeba coli (Foto 13), Entamoeba histolytica/dispar (Foto 14); Iodomoeba butschili (Foto 15), Endolimax nana (Foto 16), Giardia intestinalis (Foto 17), Blastocystis hominis (Foto 18).

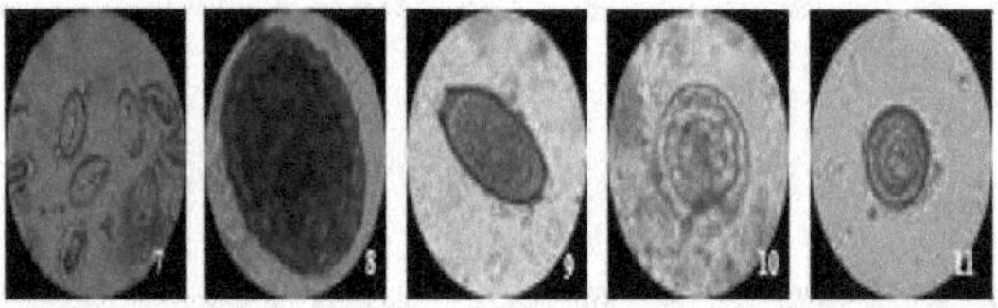

Ovos de helmintos: Enterobius vermicularis (Foto 19), Ascaris lumbricoides (Foto 20), Trichuris trichuira (Foto 21), Hymenolepis nana (Foto 22) e Taenia saginata (Foto 23)

Quadro 23: Prevalência total e específica de diferentes espécies de parasitas

PARASITAS	Total	Prevalência (%)
HELMINTHES		
Nemátodos		
Enterobius vermicularis	55	18,33
Ascaris lumbricoides	46	15,33
Trichuris trichura	17	5,70
Total de nemátodos	118	39,37
Cestodes		
Hymenolepis nana	6	2,00
Taenia saginata	4	1,33
Total de Cestodes	10	3,33
Total de helmintos	128	42,70
PROTOZOIRES		
Amebas		
Entamoeba coli	50	16,67
Entamoeba histolytica/dispar	12	4,00
Iodomoeba butschili	10	3,33
Endolimax nana	1	0,33
Total de amebas	73	24,33
Flagelados		
Giardia intestinalis	22	7,33
Outros protozoários		
Blastocystis hominis	45	15,00
Protozoários totais	140	46,67
TOTAL	268	89,37

A tabela 23 mostra a distribuição das espécies das 157 amostras positivas. Ela mostra que os protozoários representaram 46,6% dos parasitas encontrados, e que a sua presença nas fezes examinadas foi maior do que a dos helmintos. Entamoeba coli parece ser o parasita mais comum, com 16,6% dos portadores saudáveis (41 casos em rapazes e 9 casos em raparigas), seguido de Blactocystis hominis com 15% (36 casos em rapazes e 9 casos em raparigas). Foi detectado um único quisto de Endolimax nana num rapaz. Entre os helmintos, Enterobius vermicularis foi responsável por 35,03% de todos os testes positivos, ou seja, uma prevalência de 18,33%, seguido de Ascaris lumbricoides com uma prevalência de 15,33%. A maioria dos parasitas observados foi encontrada no sexo masculino. O sexo parece desempenhar um papel na sua distribuição (Tabela 24). O teste Chi-2 revelou uma diferença significativa ($p<0,05$). Foi observada uma predominância masculina para Entamoeba coli, Blactocystis hominis e Enterobius vermicularis. No entanto, para Hymenolepis nana e Taenia saginata, as raparigas foram afectadas da mesma forma que os rapazes.

Tabela 24: Total e percentagem de diferentes espécies de parasitas de acordo com o sexo

PARASITAS	Rapazes	Raparigas	Total	% em relação aos exames positivo	Prevalência (%)
HELMINTHES					
Nemátodos					
Enterobius vermicularis	35	20	55	35	18,3
Ascaris lumbricoides	33	14	47	29,9	15,7
Trichuris Trichura	10	6	16	10,2	5,3
Total de nemátodos	78	40	118	75,2	39,3
Cestodes					
Hymenolepis nana	3	3	6	3,8	2,0
Taenia saginata	3	1	4	2,5	1,3
Total de Cestodes	6	4	10	6,4	3,3
Total de helmintos	84	44	128	81,5	42,7
PROTOZOIRES					
AMIBES					
Entamoeba coli	41	9	50	31,8	16,7
Entamoeba histolytica/dispar	9	3	12	7,6	4,0
Iodomoeba butschili	9	1	10	6,4	3,3
Endolimax nana	1	0	1	0,6	0,3
Total de amebas	60	13	73	46,5	24,3
BANDEIRAS					
Giardia intestinalis	18	4	22	14	7,3
OUTROS PROTOZOÁRIOS					
Blastocystis hominis	36	9	45	28,7	15,0
Protozoários totais	114	26	140	89,2	46,7

Tendo em conta a percentagem global de exames positivos, constatamos que as crianças examinadas são infestadas desde muito cedo e mesmo antes de terem um ano de idade (3,18% de exames positivos, ou seja, uma prevalência de 1,6%). O parasitismo atinge o seu máximo entre 1 e 9 anos, idade em que as crianças são enviadas para os infantários e escolas primárias, e em que a sobrelotação e as brincadeiras em grupo e com o solo sujo são susceptíveis de favorecer a infestação parasitária (quadro 25).

Tabela 25: Prevalência específica de parasitismo intestinal por grupo etário

PARASITAS	Total	< 1 ano	1 - 4 anos	5 - 9 anos	10 - 16 anos
Helmintos					
Nemátodos					
Enterobius vermicularis	55	0	30	15	10
Ascaris lumbricoides	46	1	16	14	15
Trichuris Trichura	17	1	5	4	7
Total de nemátodos	118	2	51	33	32
Cestodes					
Hymenolepis nana	6	0	1	3	2
Taenia saginata	4	0	1	2	1
Total de Cestodes	10	0	2	5	3
Total de helmintos	128	2	53	38	35
PROTOZOIRES					
Amebas					
Entamoeba coli	50	1	22	18	9
Entamoeba histolytica/dispar	12	1	5	3	3
Iodomoeba butschili	10	0	2	7	1
Endolimax nana	1	0	0	0	1
Total de amebas	73	2	29	28	14
Flagelados					
Giardia intestinalis	22	0	14	5	3
OUTROS PROTOZOÁRIOS					
Blastocystis hominis	45	1	21	15	8
Protozoários totais	140	3	64	48	25

IV. DISCUSSÃO

As parasitoses intestinais parecem estar a atrair cada vez menos interesse nos dias que correm, uma vez que os recursos disponíveis estão a ser justificadamente desviados para outras prioridades, como a malária, a bilharziose e a leishmaniose. Estas infestações não devem ser negligenciadas e relegadas para segundo plano, tendo em conta os problemas de saúde pública que colocam aos nossos países em vias de desenvolvimento, sendo ainda necessária investigação para definir melhor o problema em todas as regiões, a fim de erradicar definitivamente esta doença. O nosso estudo, que responde a estas diferentes preocupações, tem por objetivo determinar a prevalência do parasitismo intestinal nas crianças hospitalizadas no hospital regional de Gharb (Kenitra) devido a uma patologia (x) e identificar as espécies mais frequentes.O parasitismo intestinal é um fenómeno clássico na criança e desempenha um papel importante no conjunto da patologia infantil, nomeadamente nos países do Terceiro Mundo. Devido às condições climáticas e higiénicas demasiadas vezes precárias, as parasitoses intestinais desempenham um papel igualmente importante no conjunto das doenças parasitárias, especialmente nas crianças (SHUBAIR et al., 2000).As análises coproparasitológicas efectuadas para avaliar a frequência destes parasitas intestinais são intermitentes, raras e difíceis de comparar devido à grande variabilidade das técnicas de análise. Queríamos conhecer a distribuição específica entre as crianças da região de Gharb (Kénitra) e relatamos o primeiro estudo relativo a 300 exames parasitológicos das fezes de crianças hospitalizadas nos serviços de pediatria e cirurgia infantil do Hospital El Idrissi em Kénitra (região de Gharb). Este inquérito permitiu obter informações sobre a prevalência de várias parasitoses intestinais, bem como sobre a distribuição dessas parasitoses de acordo com vários factores de risco possíveis. O método de amostragem escolhido permitiu uma distribuição bastante uniforme, resultando numa amostra que era bastante representativa da população infantil nas diferentes áreas da região de Gharb (Kénitra). Esta taxa de prevalência global é comparável à de TLIGUI e AGOUMI (2006) em Tiflet (Marrocos) em 2004 e à de NDIR et al. em 2001 no Centre de Santé Roi Baudouin em Guediawaye (Senegal), que foi de 57,1% e 56,6% respetivamente. Este valor é superior aos 25,09% encontrados por AYADI et al (1991) no Hospital Universitário de Sfax (Tunísia) em 3025 crianças dos 0 aos 10 anos, ou seja, uma criança em cada quatro, e aos 16,32% e 31,51% encontrados por HAJFANI (1976) em bebés e crianças, respetivamente, no Centro de Saúde de Guediawaye (Senegal) e no Hospital Universitário Ibn Sina (Rabat-Marrocos). Em Walo, no Senegal, FAYE et al (1998) encontraram uma taxa de prevalência de 36,5% (5), enquanto em Algérois, na Argélia, BACHTA et al (1990) encontraram 37,04% em 3364 exames de crianças dos 6 aos 15 anos, ou seja, uma criança em cada três, e ADOU-BRYN et al (2001) encontraram 38.De 6.439 testes, 2009 (31,2%) foram positivos (GBADOE e KOFFI, 2005) em crianças com menos de cinco anos de idade submetidas a consulta e/ou hospitalização nas enfermarias pediátricas do Hospital Regional de Tokoin (Togo). Estas diferenças podem ser atribuídas à amostragem e ao período de estudo, mas estão provavelmente também ligadas a diferenças geográficas, que estão elas próprias relacionadas com diferentes modos de transmissão. É feita uma distinção entre "parasitismo", que diz respeito aos portadores assintomáticos, e "parasitose", que diz respeito aos indivíduos que estão doentes devido ao parasita.Os resultados do nosso estudo mostram que todas as cidades da região de Gharb de origem das crianças hospitalizadas estão afectadas, embora haja disparidades em termos de parasitismo intestinal. A prevalência deste parasitismo foi significativamente maior nas zonas rurais do que nas zonas urbanas ($p < 0,05$).O estado do ambiente e o comportamento destas populações explicam em parte esta situação epidemiológica. Existem muitos locais onde as águas superficiais e subterrâneas são invadidas por resíduos industriais, agrícolas e domésticos. [ème]Segundo a Comissão Mundial da Água para o século XXI, mais de metade dos grandes rios do mundo estão tão empobrecidos e poluídos que põem em perigo a saúde humana e envenenam os ecossistemas circundantes (KING, 1990).De facto, as populações das aldeias rurais de onde provêm as crianças hospitalizadas, situadas no principal curso de água da região do Gharb: oued Sebou e os seus afluentes (oued Beht em Sidi Slimane, oued R'dom em Souk Larbaa, oued Tiflet em Sidi Yahia, oued Sebou em Belksiri, Sidi Allal Tazi, M'nasra e Kénitra), reutilizam a água destes oueds para fins agrícolas e estão muito expostas à poluição das descargas urbanas da região. Tendo em conta a proximidade destas cidades e a semelhança dos seus ambientes sociais e sanitários, notamos algumas disparidades curiosas no perfil do parasitismo intestinal. Esta observação também foi feita por outros autores (JOMBO et al., 2007, DIANO et al., 2004 e DIOUF et al., 2000).Estudos epidemiológicos em Marrocos mostram que foi encontrada uma elevada prevalência de parasitose intestinal em crianças expostas a águas residuais. Estas prevalências são significativamente mais elevadas na população que utiliza águas residuais brutas na agricultura (EL KETTANI e AZZOUZI, 2006; EL KETTANI et al, 2006; LAMGHARI MOUBARRAD, 2005; AIT MELLOUL e AZZOUZI, 2006).al, 2002; ABOUELOUAFA, 2002; HABBARI, 1992-2000; BOUHOUM e SCHWARTZBROD, 1998; BELGHYTI et al, 1994 e BOUHOUM, 1996).Embora os valores apresentados para a prevalência por cidade de origem devam ser tratados com prudência, não deixam de ser indicativos e sugerem uma relação entre a ocorrência de parasitismo intestinal nas crianças hospitalizadas e as condições socioeconómicas.

O nosso estudo mostra que o parasitismo intestinal afecta mais os rapazes do que as raparigas ($p < 0{,}05$) e que o transporte de parasitas está altamente relacionado com a idade ($p < 0{,}05$). Estes resultados são consistentes com estudos comparáveis (ADOU- BRYN et al., 2001 e MENAN et al., 1997). Os autores atribuem esta diferença ao facto de os rapazes brincarem em bandos à volta das povoações rurais, onde os aldeões escolhem defecar, enquanto as raparigas ficam em casa para ajudar nas tarefas domésticas (DEVELOUX et al., 1986). Por outro lado, em Beni-Mellal, HABBARI et al (2000) referem que, em função da idade e do sexo das 1343 crianças examinadas, as diferenças não são significativas. Os nossos resultados mostram também que este parasitismo está ligado à higiene pessoal e à origem da água de abastecimento. Um estudo realizado na região ASIR, no sudeste da Arábia Saudita, revelou que a utilização de água não desinfectada para beber era o único fator de risco responsável pela elevada prevalência de parasitoses intestinais (OMAR et al., 1995). Isto é ainda apoiado por estudos realizados diretamente nas fontes de água, que revelaram que a água não tratada era um importante vetor de protozoários intestinais (FRASER e COOKE, 1991 e HASLAY e LECLERC, 1993). Em primeiro lugar, as crianças que não seguiam as regras de higiene pessoal estavam mais infestadas do que as que as seguiam ($p < 0{,}05$) e, em segundo lugar, as que obtinham a sua água em poços, fontes públicas ou nascentes (wadis) estavam mais infestadas do que as que tinham água fornecida em casa ($p < 0{,}05$). Por outro lado, EL KETTANI et al (2006) mostraram que a análise dos três factores de higiene estudados em Settat (Marrocos): a fonte de água potável, a presença de casas de banho privadas em casa e a lavagem das mãos antes de comer não mostraram qualquer efeito significativo na prevalência da giardíase. Em crianças hospitalizadas no centro de saúde de Guediawaye (Senegal), a diferença na prevalência do parasita de acordo com o sexo e a presença ou ausência de água corrente não foi significativa (NDIR et al., 2002). A baixa taxa de crianças parasitadas (34,2%) foi observada em cidades com um sistema de esgotos líquidos e uma casa de banho privada em casa ($p < 0{,}05$). As crianças de municípios sem rede de esgoto ou onde a rede é representada por fossas e ralos a céu aberto parecem estar mais infestadas (59,3% e 66,2% respetivamente). A análise estatística destes resultados mostra que existe uma diferença significativa ($p < 0{,}05$). Estes resultados estão de acordo com os encontrados por LAAMRANI et al (1999) nas províncias de Beni-Mellal, Taounate e Tiznit (Marrocos). Em Abidjan (Costa do Marfim), a prevalência relativamente elevada de parasitose intestinal é indicativa de um sistema de saneamento defeituoso (MENAN et al., 1997). Segundo BUCHY (2003), a explosão demográfica e a tendência para a urbanização das populações desfavorecidas conduzem a um aumento do número de bairros de lata, o que faz temer um novo aumento dos casos de parasitoses intestinais no futuro.No nosso estudo, viver numa habitação sólida foi um fator de proteção contra a infestação por parasitas intestinais ($p < 0,05$). Não houve diferença no risco de parasitismo intestinal de acordo com o número de pessoas que vivem no mesmo domicílio ($p > 0,05$). Os inquéritos sobre o parasitismo intestinal nas crianças de Sidi Yahia du Gharb, M'nasra e Marraquexe mostraram que a taxa de infestação parasitária aumenta com o número de pessoas por agregado familiar e, por conseguinte, por habitação (MELYANI, 1983, AMAHMID, 2002). Este facto permitiu deduzir o impacto da promiscuidade no parasitismo intestinal. No entanto, existe uma diferença significativa entre o risco de parasitismo intestinal em função do número de irmãos que vivem sob o mesmo teto ($p < 0,05$). Para muitos autores, os níveis socioeconómicos e de higiene são factores importantes, ou mesmo determinantes, na transmissão das parasitoses intestinais, nomeadamente nas zonas tropicais (MENAN et al., 1997; DIOUF et al., 2000; ADOU-BRYN et al., 2001 e BUCHY, 2003). As crianças examinadas com história de parasitose intestinal estão mais infestadas do que as que não têm história de parasitose intestinal ($p < 0,05$).Contrariamente às expectativas, o parasitismo intestinal não esteve relacionado com a consistência das fezes ($p>0,05$). Este resultado inesperado poderá dever-se à associação do parasitismo intestinal com outros microrganismos patogénicos (bactérias, vírus, fungos, etc.) e ao funcionamento do aparelho digestivo das crianças examinadas. No que diz respeito ao contexto socioeconómico e educacional da nossa população infantil, não se verificou uma relação significativa entre o parasitismo e o nível de escolaridade das crianças examinadas ($p=0,570$). Por outro lado, o parasitismo esteve relacionado com a profissão dos pais das crianças ($p=0,012$; $p=0,067$). Segundo LARIVIERE (1987), a ocupação é um fator que favorece a ocorrência de helmintíases intestinais. Um estudo retrospetivo efectuado no Instituto Pasteur de Cocody (Costa do Marfim) mostrou que a prevalência do parasitismo intestinal é muito elevada entre os agricultores e criadores, bem como entre as donas de casa e os empregados domésticos (MENAN et al., 1997). No entanto, PITISUTTITHUM et al (1990) na Tailândia mostraram que o nível de educação e o estatuto social não influenciaram significativamente a infestação por parasitas intestinais. Os nossos próprios resultados mostram que as crianças mais parasitadas têm um nível socioeconómico baixo e pertencem a uma família numerosa ($p=0,207$). Na análise multivariada, o único fator que pôde ser considerado como estando significativa e independentemente ligado ao parasitismo intestinal foi a profissão dos pais. No centro de saúde Roi Baudouin em Guediawaye (Senegal), NDIR et al (2002) referem que as crianças hospitalizadas com um baixo nível de vida têm um índice de infestação mais elevado. Nas crianças examinadas, encontramos os factores clássicos que favorecem o parasitismo intestinal, ou seja, um baixo nível socioeconómico e um grande número de irmãos. De facto, o parasitismo intestinal torna-se mais significativo à medida que se desce na escala do nível económico, isto é, da profissão dos pais, e à medida que aumenta o número de irmãos com quem se vive. A tendência é menos nítida no que diz respeito ao nível de escolaridade das crianças examinadas, que se poderia esperar que se correlacionasse inversamente com o parasitismo ($p > 0,05$).Clinicamente, as nossas crianças foram hospitalizadas principalmente por anemia falciforme, gastroenterite aguda e dor abdominal. Os sinais clínicos gerais e funcionais mais comuns observados durante o curso das várias parasitoses intestinais foram a dor abdominal e o prurido anal (100% e 55,7%, respetivamente). As crianças examinadas com dor abdominal e prurido anal tinham uma probabilidade significativamente maior de ter parasitas. Estes resultados são confirmados pelos de estudos efectuados nos departamentos de medicina interna e de doenças infecciosas do Hospital Point "G" em Bamako, Mali (MINTA et al., 2007). O prurido generalizado foi associado em 54,28% dos casos e a dor abdominal em 25,71% dos casos. Em 2000, um estudo envolvendo várias instalações hospitalares em Bamako (Mali) mostrou que a diarreia isolada era o motivo mais frequente de hospitalização, representando 13,11% (CISSE et al. 2002). A presença de síndroma diarreica foi associada à presença de parasitas ($p=0,0001$) neste estudo (CISSE et al. 2002). As doenças diarreicas representam um verdadeiro problema de saúde pública em todo o mundo, onde são responsáveis por 10 a 15 milhões de mortes por ano (GENTILINI e DUFLO, 1986). Além disso, as condições ambientais e os hábitos culturais têm uma influência considerável sobre as doenças diarreicas em África (EHOLIE et al., 1999). Um estudo prospetivo de 150 casos de diarreia hospitalizados no Hospital Regional de Man (Costa do Marfim) mostrou que a diarreia crónica foi encontrada nas mesmas proporções que a diarreia aguda (EHOLIE et al., 1999). A maioria dos pacientes e alguns médicos acreditam que os parasitas digestivos podem causar diarreia. No entanto, a diarreia não é um sintoma habitual ou mesmo frequente das infestações parasitárias. Nas regiões tropicais, quase todas as crianças são portadoras de parasitas digestivos, mas estes causam apenas cerca de 5% das diarreias agudas e algumas diarreias crónicas se estiverem em bom estado nutricional (GENDREL, 2003). A diarreia parasitária, dominada pela helmintíase, continua a ser uma preocupação na CDH do Homem. Estão ligadas a más condições de higiene e a uma educação sanitária insuficiente, consequência de um baixo nível socioeconómico (EHOLIE et al., 1999). Num estudo realizado no hospital pediátrico de Libreville (Gabão) sobre as crianças hospitalizadas com diarreia aguda de origem parasitária, os resultados mostraram que os helmintos raramente provocam diarreia, com exceção da anguilécula (Strongyloides stercoralis) em caso de subnutrição, de imunodeficiência ou de infestação muito forte. Os protozoários (Entamoeba histolytica, Giardia lamblia e Cryptosporidium sp) provocam muito mais frequentemente diarreias agudas (GILLES, 1995 e GENDREL, 1990). Além disso, um estudo de parasitas digestivos em crianças fora de hospitais tropicais (Togo) mostrou que o início da diarreia não parece depender da presença de parasitas digestivos (APLOGAN et al., 1990).A gastroenterite aguda é um ataque generalizado ao aparelho digestivo que provoca uma sintomatologia gastrointestinal pouco específica mas bastante clássica, que inclui diarreia, náuseas, vómitos e dores abdominais (ARCHAMBAULT et al., 1997; BIGARD, 2001; DEBONNE e REY, 1998; RAMBAUD, 2000). No entanto, esta sintomatologia nem sempre está presente e não é raro que a infeção por doenças enteropatogénicas se apresente com sintomas ainda menos específicos: febre, perda de peso, mal-estar geral, perda de apetite (ARCHAMBAULT et al., 1997; BIGARD, 2001; DEBONNE e REY, 1998);

RAMBAUD, 2000), ou assintomática (MOE, 2001). A duração da doença é muito variável, dependendo geralmente do agente etiológico, mas para a maioria dos agentes patogénicos bacterianos entéricos varia de 4 dias a 2 semanas (BIGARD, 2001; RAMBAUD, 2000). Além disso, a gastroenterite aguda (GEA) é a principal causa de morte em crianças nos países em desenvolvimento (GUERRANT e BOBAK, 1991). A responsabilidade dos parasitas como agentes da GEA varia muito em função das populações estudadas. Nos países temperados, os dois parasitas mais frequentemente implicados são Giardia intestinalis e Cryptosporidium parvum. O primeiro é mais frequentemente encontrado em comunidades infantis, como creches, e o segundo está ligado à contaminação da água (CEVENINI et al., 1985; BRETAGNE et al., 1990). Não foram encontrados parasitas em crianças com menos de 2 anos de idade hospitalizadas por AEG no Hospital Universitário de Pointe-à-Pitre/Abymes, Guadalupe, durante este estudo (COUROUBLE et al., 2000). A ausência de parasitas nas AEG infantis no nosso estudo pode ser explicada pela idade das crianças e pelo baixo rendimento das técnicas de enriquecimento nas fezes diluídas das AEG e pela limitação aos resultados obtidos com um único exame parasitológico de fezes (PSE). É de salientar que a presença de associações com

2, 3 ou 5 parasitas (67,3%) revela o nível muito baixo de higiene alimentar e fecal, bem como as condições de vida desfavoráveis destas crianças. A predominância dos protozoários explica-se pelo facto de os parasitas em causa terem frequentemente modos de transmissão idênticos. Os resultados deste estudo epidemiológico prospetivo, baseado no recrutamento hospitalar, mostram que os índices escolhidos para avaliar as condições de vida destas crianças hospitalizadas no hospital regional de Gharb (Kénitra) não são certamente um reflexo exato do nível de higiene, mas mostram claramente que o nível de higiene do ambiente, da habitação e da água potável continua a ser bastante baixo entre as crianças provenientes principalmente das zonas rurais. Cerca de 65% das crianças inquiridas não estão ligadas à rede de esgotos e quase 60% não têm água potável da rede. A prevalência de parasitismo intestinal é muito elevada entre as crianças das zonas rurais. Este facto está relacionado com o nível relativamente baixo de higiene nas zonas rurais. Embora estes resultados se baseiem em amostras colhidas de crianças num ambiente hospitalar, a prevalência do parasitismo intestinal pode ser considerada elevada na região de Gharb (Kénitra). Esta prevalência é ligeiramente inferior nas zonas urbanas, onde as condições de higiene são relativamente melhores. O rastreio regular seguido de tratamento adequado, combinado com o saneamento ambiental e a higiene, ajudará a prevenir estes parasitas intestinais. A prevalência de parasitismo intestinal por sexo foi de 56,1% para os rapazes e de 44,3% para as raparigas. O teste Chi-2 revelou uma diferença significativa ($p<0,05$). Concluímos, portanto, que os rapazes são mais infestados do que as raparigas. Esta observação foi feita em 1995 por AGBERE et al (1995) em crianças hospitalizadas num hospital regional do Togo. As taxas de prevalência de cada parasita são diferentes nos dois sexos. No entanto, o teste Chi-2 apenas mostrou diferenças significativas para Trichuris trichiura, Ascaris lumbricoides e Enterobius vermicularis. Em cada um dos 3 casos, os rapazes foram significativamente mais parasitados do que as raparigas. É de notar que o Trichuris trichiura e o Ascaris lumbricoides têm um modo de contaminação idêntico, enquanto o Enterobius vermicularis é transmitido diretamente pelas mãos sujas (LAMGHARI MOUBARRAD, 2005). A diferença de prevalência entre os dois sexos poderia ser explicada pelo facto de, em geral, a educação tradicional em Marrocos dar às raparigas e aos rapazes actividades diferentes; as raparigas ficam geralmente em casa nos dias de folga para ajudar as mães nas tarefas domésticas e, por conseguinte, são-lhes atribuídas responsabilidades mais cedo do que aos rapazes; consequentemente, estão mais sensibilizadas para a higiene. Os rapazes gozam de maior liberdade, brincam e fazem passeios onde o risco de contaminação parasitária pode ser maior (nadar em wadis ou rios poluídos, comer alimentos de qualidade duvidosa fora de casa, etc.). Um estudo realizado em 1990 no Centre Hospitalo-Universitaire de Sfax (Tunísia) mostrou que, no caso do Enterobius vermicularis e do Hymenolepis nana, as raparigas são mais frequentemente afectadas do que os rapazes (AYADI et al., 1991). Quanto aos protozoários, as duas espécies não patogénicas Entamoeba coli e Blastocystis hominis são muito comuns no sexo masculino em comparação com o sexo feminino. Estes dois protozoários são indícios de falta de higiene, o que significa que as pessoas que os transportam são crianças de risco (LAAMRANI et al., 1999). Um estudo efectuado em crianças hospitalizadas no Hospital Universitário de Rabat em 2001 comparou o parasitismo por Blastocystis hominis com os parasitas mais frequentemente encontrados nas fezes desta população de crianças, mostrando que o B. hominis era o parasita mais frequentemente encontrado, com uma taxa de 46,59%, em comparação com taxas de 37,25% para Entamoeba histolytica, 24,55% para Giardia intestinalis e 17,89% para Entamoeba hartmani (TLIGUI et al, 2002). A prevalência diminui com a idade. Tendo em conta a percentagem global de casos positivos, podemos constatar que as crianças são infestadas desde muito cedo e mesmo antes de completarem um ano de idade. O parasitismo atinge o seu pico entre 1 e 9 anos de idade, quando as crianças são enviadas para creches, mesquitas, infantários e escolas primárias, onde a sobrelotação e as brincadeiras em grupo e no chão são susceptíveis de favorecer a contaminação. Esta idade coincide perfeitamente com o início da idade escolar. Resultados semelhantes foram registados por AYADI et al (1991) no Centro Hospitalar Universitário de Sfax, onde as crianças de 4 a 6 anos estavam mais parasitadas.

Por outro lado, na cidade de Beni-Mellal, a prevalência de amebíase, ascaríase, tricocefalose, vermes, himenolepíase e taeníase não varia em função da idade das crianças (HABBARI, 1996). Os nossos resultados confirmam a hipótese de que as crianças mais velhas estão mais atentas às fontes de poluição e de infestação. No hospital regional do Togo, o parasitismo digestivo das crianças hospitalizadas foi observado desde o período neonatal (AGBERE et al., 1995). Esta predominância foi igualmente constatada noutras regiões de Marrocos (CHOUKRI et al., 2007, KHALLOUFI et al., 2000; TLIGUI et al., 2002, HABBARI, 1996, LAAMRANI et al., 1999) e noutros locais (AYADI et al., 1991 e DIOUF et al., 2000). No grupo dos flagelados, apenas a espécie Giardia intestinalis foi registada (quase 14% de todos os casos positivos, ou seja, uma prevalência de 7,3%). No grupo das amebas, a espécie não patogénica Entamoeba coli foi a mais frequentemente encontrada (quase 31,8% de todos os casos positivos, ou seja, uma prevalência de 16,7%). A Entamoeba histolytica/dispar nunca foi observada na sua forma hematófaga, mas a sua forma cística foi isolada em 7,6% dos exames positivos, o que constitui uma taxa significativa e contrasta com o estudo de Tunes, onde esta ameba estava praticamente ausente dos exames coprológicos em crianças (BEN SAID, 1981). No entanto, na região de Gabès, 35,80% das crianças parasitadas são portadoras de Entamoeba histolytica (KENNOU, 1979). Os protozoários que são geralmente comensais e cujo possível papel patogénico nem sempre está estabelecido são raros na nossa população infantil. A Entamoeba coli continua a ser o protozoário não patogénico mais isolado, com uma prevalência de 16,7%, seguido da Iodomoeba butschili e da Endolimax nana, com prevalências de 3,3% e 0,3%, respetivamente. AYADI et al (1991) relataram que, dentro do grupo das amebas, a Endolimax nana não patogénica foi a mais frequentemente encontrada nas fezes de crianças hospitalizadas. TLIGUI et al (2006) encontraram E. coli e Endolimax nana com uma prevalência de 10,5% e 5,8% respetivamente. A amebíase e a giardíase são parasitas fecal-orais comuns em países quentes e húmidos. Os quistos de Entamoeba histolytica e Giardia intestinalis são elementos essenciais nos seus ciclos evolutivos, e a transmissão é direta entre humanos ou, mais frequentemente, indireta através de alimentos ou água contaminados (BOUREE, 2000, FAYE et al., 1998). Em crianças de escolas rurais da região de Man, na Costa do Marfim, as espécies de protozoários intestinais predominantes foram Endolimax nanus (83,8%) e E. coli (74,7%). A prevalência de G. intestinalis e E. histolytica/Entamoeba dispar foi de 17,5% e 11,3%, respetivamente (OUATTARA et al., 2008). Das 300 amostras examinadas, 54 foram positivas para Blastocystis hominis, ou seja, 15% (28,7% dos casos positivos). No entanto, a nossa prevalência permanece relativamente mais baixa do que as encontradas por TLIGUI et al (2002) e TLIGUI e AGOUMI (2006), respetivamente 28,9% (539/4000) e 22,3% (38/170) em crianças de duas cidades diferentes (Rabat e Tiflet). A análise da prevalência de cada helminto parasita mostra que Enterobius vermicularis (18,3%) é a helmintíase mais comum, com uma prevalência de 18,3%. É também a mais frequente nos rapazes de 1 a 4 anos, com uma taxa de 11,6%. Num estudo realizado em crianças na clínica pediátrica do Hospital Universitário de Sfax, 25% das crianças sistematicamente amostradas apresentavam oxiurose (AYADI et al., 1986). Trata-se de uma parasitose digestiva cosmopolita, mas a frequência e a intensidade do parasitismo são mais elevadas nos países em desenvolvimento com baixos níveis de higiene. O facto de ser transportada para a boca pelos dedos sujos ao coçar a região anal explica o facto de ser altamente contagiosa nas crianças e, da mesma forma, contaminar as famílias e as escolas (KHALLOUFI et al., 2000). A prevalência de 15,7% atribuída à ascaridíase é semelhante à encontrada em Abidjan, Costa do Marfim

(16,5%) por MENAN et al. (1997) e em El Jadida (18,1%) por LAMGHARI MOUBARRAD (2005). Foram comunicadas frequências elevadas noutras regiões de Marrocos (BOUHOUM e SCHWARTZBROD, 1998; HABARRI et al., 2000 e LAAMRANI et al., 1999), não tendo sido detectado qualquer caso de ascaridíase numa creche em Rabat (KHALLOUFI et al., 2000). No México, CIFUENTES et al. (2000) verificaram que as crianças cujas famílias utilizavam águas residuais para irrigação das culturas estavam cinco vezes mais infestadas com A. lumbricoides do que as famílias de controlo. Na África intertropical, a prevalência deste parasita varia. Parece ser mais prevalente em regiões de florestas húmidas e chuvosas, onde os ovos são mais facilmente disseminados. A prevalência da tricocefalose (5,3%) é semelhante à registada por MENAN et al (1997) em crianças hospitalizadas em Abidjan (5,3%) e na mesma população infantil em Toumodi, Costa do Marfim (9,5%) (ADOU-BRYN, 2001). No entanto, não foram detectados casos de tricocefalose em crianças hospitalizadas no Hospital Universitário de Rabat (ALAOUI et al., 1997) ou em crianças que frequentam a clínica pediátrica do Hospital Universitário de Sfax (AYADI et al., 1991). Na Guatemala: dois estudos epidemiológicos efectuados por WATKINS et al (1996a-b): um deles dizia respeito a 246 crianças que viviam em zonas rurais: 91% estavam parasitadas por lombrigas e 82% por vermes; o outro dizia respeito a 228 crianças que viviam nas cidades; as percentagens para os mesmos dois vermes eram idênticas às encontradas no estudo anterior. No Quénia, entre 55 crianças de uma escola primária, 84% tinham whipworms e 29% tinham lombrigas (ADAMS, 1994). Na África do Sul, um estudo (VERMEULEN et al., 1997) efectuado na Província do Norte, entre 303 crianças com idades compreendidas entre os 4 e os 6 anos, encontrou apenas 5,9% de portadores de Ascaris, enquanto o número de portadores de whipworms era insignificante. Em Madagáscar, numa região de floresta tropical no sudeste da ilha, foram estudadas 1.292 crianças com menos de 11 anos (KIGHTLINGER et al., 1995). Ascaris estava presente em 78% delas e 38% eram portadoras de whipworms. Quanto às cestodoses, a Taenia saginata foi isolada apenas 4 vezes, e dado o seu modo de contaminação por ingestão de carne mal cozinhada contendo larvas de cisticercos, é compreensível a sua baixa frequência em crianças. Do mesmo modo, a Hymenolepis nana representa apenas 3,8% dos casos positivos, em comparação com 2,3% entre as crianças em idade escolar em Tiflet (TLIGUI e AGOUMI, 2006). No Togo, AGBERE et al (1995) relataram que esta parasitose afecta 3,7% da população infantil. Por conseguinte, os cestodes adultos não parecem ser um parasita importante nas crianças. Os nossos resultados são semelhantes aos encontrados por BEN SAID et al (1981) no estudo de Tunes. Em Marrocos, estudos anteriores mostraram que esta parasitose é mais comum em crianças de zonas onde as águas residuais brutas são reutilizadas para fins agrícolas (BELGHYTI et al., 1994; BOUHOUM e SCHWARTZBROD, 1998; HABARRI, 1999; AMAHMID, 2004; LAMGHARI MOUBARRAD, 2005). A maioria dos protozoários identificados não são patogénicos. São um sinal de falta de higiene, o que significa que as pessoas que os transportam estão em risco. De facto, devido a um modo de contaminação provavelmente idêntico, estes indivíduos têm uma maior probabilidade de albergar, para além de parasitas não patogénicos, simultaneamente ou posteriormente. Uma caraterística particular dos protozoários parasitas é a sua capacidade de formar quistos, garantindo a sua sobrevivência em condições ambientais desfavoráveis ao seu desenvolvimento (LAAMRANI et al., 1999). A ecologia destes organismos nos sistemas de distribuição de água necessita de ser estudada com maior profundidade, mas parece que a filtração e a cloração são métodos de tratamento adequados. É de notar que a presença de associações parasitárias revela o nível muito baixo de higiene sanitária, alimentar e fecal, bem como as condições de vida desfavoráveis destas crianças poliparasitadas. Certas parasitoses intestinais são tratadas com base em sinais clínicos sugestivos sem recurso ao laboratório, atitude que corre o risco de ignorar o poliparasitismo (LAHLOU, 1983). A luta contra estes parasitas intestinais passa pela educação e pelo desenvolvimento económico, mas o estado atual das economias da maioria dos países em vias de desenvolvimento faz com que o seu controlo seja adiado para um futuro distante, tanto mais que esta luta não é considerada prioritária (ULUKANLIGIL et al. 2001; HAMADA et al., 2003).

V. CONCLUSÃO

O nosso inquérito epidemiológico revelou que a prevalência do parasitismo intestinal entre as crianças nos hospitais de Kénitra em 2007 era de 52,7%. O exame parasitológico das fezes não dá uma imagem real da extensão da infestação parasitária, uma vez que o exame de uma única amostra de fezes só detecta o parasita em 50 a 70% dos casos. No entanto, a nossa prevalência continua a ser relativamente representativa, uma vez que diz respeito a uma população-alvo, pois a análise parasitológica das fezes é efectuada sistematicamente em todas as crianças hospitalizadas e não apenas nas crianças que apresentam um sinal de alerta digestivo. Além disso, esta taxa de parasitismo pode ser considerada subestimada, uma vez que diz respeito a uma população de crianças principalmente da região de Gharb, onde as condições de higiene e os hábitos alimentares são claramente diferentes dos de outras regiões de Marrocos. No entanto, é preciso dizer que a taxa de 52,7% é ainda elevada e deve encorajar-nos a redobrar os nossos esforços na luta contra o perigo fecal e as parasitoses intestinais. Tendo em conta os resultados obtidos, podemos deduzir que as crianças com um nível socioeconómico baixo são as mais expostas ao risco de infestação parasitária. A sinergia de todos estes factores socioeconómicos favorece o aumento da frequência de infestação por parasitas. Deduzimos também que as crianças que vivem em más condições de higiene são infestadas. A qualidade das condições de higiene é um fator que influencia o estado de saúde e de higiene da população infantil infestada por parasitas intestinais. No nosso estudo, a deterioração das condições de higiene e do ambiente aumentou notavelmente a taxa de parasitismo intestinal nas crianças da região de Gharb (Kénitra). Estes resultados constituem um ponto de concordância entre os vários estudos realizados em Marrocos, em particular LAAMRANI et al, (1999). No final desta análise coproparasitológica, foram encontrados ovos de helmintos e cistos de protozoários nas fezes da população infantil da região de Kénitra (Gharb) e, ao mesmo tempo, pudemos fornecer pormenores sobre as espécies susceptíveis de serem encontradas nas águas residuais domésticas de Kénitra. Tendo em conta a importância de outras infestações parasitárias, deveriam ser efectuados trabalhos complementares sobre a criptosporidiose e a microsporidiose, que não foram referidas neste estudo.

VI. REFERÊNCIAS BIBLIOGRÁFICAS

- **Abouelouafa M. 2002.** "Traitement et réutilisation des eaux usées en agriculture au Maroc Oriental (Oujda): Etude physico-chimique, agronomique et sanitaire" Tese de doutoramento. Fac. Sci. Oujda. 141p.
- **Adams EJ, Stephenson LS, Latham MC & Kinoti SN. 1994.** A atividade física e o crescimento de crianças em idade escolar do Quénia com infecções por ancilostomíase, Trichuris trichiura e Ascaris lumbricoides são melhorados com albendazol. J Nutrition, 124, 1199 - 1206.
- **Adou-Bryn D., Kouassi M., Brou J., Ouhon J.** e **Assoumou A. 2001.** Prevalência global de parasitoses transmitidas por via oral em crianças em Toumodi (Costa do Marfim). Médecine d'Afrique Noire - 48 (10).
- **Agbere A. D.; Atakouma D. Y.; Balaka B.; Kessie K.; Kuakuvi N.; Gnamey D. K.; Assimadi J. K. 1995.** Parasitismo digestivo e urinário em crianças num hospital regional do Togo: alguns aspectos epidemiológicos. Médecine tropicale, vol. 55, n°1, pp. 65-67.

- **Agbere A. D.; Atakouma D. Y.; Balaka B.; Kessie K.; Kuakuvi N.; Gnamey D. K.; Assimadi J. K. 1995.** Parasitismo digestivo e urinário em crianças num hospital regional do Togo: alguns aspectos epidemiológicos. Médecine tropicale, vol. 55, n°1, pp. 65-67.

- **Ahn Y.H. e Choi H.C. 2004.** Gestão e eliminação de lamas municipais na Coreia do Sul: situação e uma nova abordagem sustentável. Water Sci. Technol. 50 (9): 245-253.
- **Ait Melloul, Amahamid O., Hassani L. e Bouhoum K. 2002.** Health effect of human wastes use in agriculture in El Azouzia (the wastewater spreading area of Marrakech city, Morocco), International Journal of Environnemental Health Research 12, 17-23.
- **Alaoui AS., Khaloufi A., Boukachabine K., Agoumi A., Zouhdi M., Bourjouane M. e Alaoui MA. 1997.** Lugar dos agentes microbianos e parasitários na diarreia infantil. Revue Marocaine de Biologie- Infesctiologie, 1997 III (3), 53-57.
- **Amahmid O., Asmama S. e Bouhoum K. 2002.** Tratamento de águas residuais da Urnab em lagoas de estabilização: ocorrência e remoção de agentes patogénicos. Água Urbana; 4: 255-262.
- **Aplogan A., Schneider D., Dyck J.L. e Berger J. 1990.** Parasitoses digestivas em crianças pequenas fora do hospital. Ann. Pédiatr (Paris), 1990, 37, n° 10, 677-681.

- **Archambault A. 1997.** Fundamentos de gastroenterologia: condições patológicas e abordagens terapêuticas. Archambault A, Beaudry R, Paré P e Thompson ABR. Associação Canadiana de Gastroenterologia, p. 747.
- **Ayadi A. Mahfoudh A. e Mahjoub F. 1991.** Parasitoses intestinais em crianças: Bilan de 2 ans dans le Centre Hospitalo-Universitaire de Sfax. Médecine d'Afrique Noire. 1991. 38 (8/9).
- **Bachta E., Zenaidi N., Belkaid M., Tabet-Derraz 0. 1990.** Avaliação das parasitoses intestinais encontradas em Argel (1984-1988). Bull. Soc. Path. Ex. 1990; 83: 510-516.
- **Belghyti D., El Kharim K., Bachikh J. e Gabrion C. 1994.** Caracterização parasitológica das águas residuais do lago Fouarat (Kénitra - Marrocos) e avaliação do nível epidemiológico numa população rural em contacto com estas águas. Actas do IV Congresso Internacional de Limnólogos Francófonos. Marraquexe, 25 - 28 de abril de 1994. Tomo II.
- **Ben Said M., Messidi-Triki S., Afraoui N., Ben Rachid M.S. 1981.** Les parasitoses digestives de l'enfant. Revue Tunisienne de Pédiatrie. dezembro de 1981, n°4, PP 248-253.
- **Bigard MA 2001.** Esófago, estômago, duodeno, intestino, fígado, vias biliares, pâncreas, diversos. Actas Glaxo Wellcome. Marly-le-Roi. p. 54.
- **Bigard MA 2001.** Esófago, estômago, duodeno, intestino, fígado, vias biliares, pâncreas, diversos. Actas Glaxo Wellcome. Marly-le-Roi. p. 54.
- **Bouhoum K. 1996.** Etude épidémiologique des helminthiases intestinales chez les enfants de la zone d'épandage des eaux usées de Marrakech / Devenir des kystes de protozoaires et des œufs d'helminthes dans les différents systèmes extensifs de traitement des eaux usées. Tese de doutoramento, Univ. Marrakech. 227p.
- **Bouhoum K. e Schwartzbrod J. 1998.** Estudo epidemiológico da helmintíase intestinal numa estação de tratamento de águas residuais de Marraquexe Zeintralblatt Hygiene Umweltmed, 1998, 200, 553-561.
- **Bourré P. 1983.** Aide-Mémoire de Parasitologie et de Pathologie Tropicale, 3ème edition, Médecine-sciences, Flammarion, 289p.
- **Bretagne S., Jacovella J., Breuil J., Guillot F., Liance M. e Houin R. 1990.** Cyptosoridiosis in children: Epidemias e casos esporádicos. Ann. Pediatr, 1990, 37, 381-386.
- **Buchy P. 2003.** Parasitoses digestivas na região de Mahajanga, costa oeste de Madagáscar. Bull. Sco. Path. Ex. 2003, 96, 1, 41-45.
- **Cevenini R., Varoli O., Rumpianesi F. e Mazzaracchio R- A. 1985.** Estudo longitudinal de dois anos sobre a etiologia da diarreia aguda em crianças pequenas no Norte de Itália. Microbiologica, 1985, 8, 51-58.

▪ **Choukri M., Aoufl S., Douabi I., Agoumi A. 2007.** Parasitoses intestinais no Hospital Universitário de Rabat. Espérance médicale, 2007, vol. 14, no139, pp. 287-290.

▪ **Cifuentes E., Bmlumenthal U., Ruiz-Palacios G., Bennet S. e Quigley M. 2000.** Risco para a saúde em aldeias agrícolas que praticam a irrigação com águas residuais no México central: perspectivas de proteção. 2000. Schrifter. Vet. Wasser Boden Lufthyg. 105: 249-256.

▪ **Cisse AO, Ouattara A, Thellier M, Accocebery I, Biligui S, Minta D, Doumbo O, Desportes-Livage I, Thera MA, Danis M, e Datry A. 2002.** Avaliação de um teste de anticorpos imunofluorescentes utilizando anticorpos monoclonais dirigidos contra Enterocytozoon bieneusi e Encephalitozoon intestinalis para o diagnóstico de microsporidiose intestinal em Bamako (Mali). J Clin Microbiol 2002; 40 : 1715 -1718.

▪ **Courouble G., Dufillot D., Sans A., Malpote E., Berchel C. e Nicolas M. 2000.** Inquérito sobre a gastroenterite infantil aguda no Hospital Universitário de Pointe-à-Pitre/Abymes, Guadalupe. novembro de 1997 a março de 1998. Bull. Soc. Pathol. Excot. 2000, 93, 1, 58-61.

▪ **Debonne JM e Rey P. 1998**. Abordagem diagnóstica da dor abdominal aguda. In: Gastro Entérologie 1: Démarches diagnostiques, Explorations - Nosographie 1. Debonne JM e Bernard JP. Doin éditeurs, p.15-35.

▪ **Develoux M., Mouchet F. e Labo R. 1986.** Parasitoses digestivas das crianças em idade escolar na República do Níger. Bull. Soc. Path. Ex. 79, 1986, 571-575.

▪ **Dianou D., Poda J.N., Savadogo L.G., Sorgho H., Wango S.P. e Sondo B. 2004.** Parasitoses intestinais no complexo hidroagrícola de Sourou no Burkina faso. 2004. VertigO - La revue en sciences de l'environnement, Vol 5, No 2, setembro de 2004. 1-8.

▪ **Diouf S., Diallo A., Camara B., Diagne I., Signate H. SY, Sarr M., Fall M. 2000.** Parasitose intestinal de crianças na zona rural do Senegal (Khombole). Médecine d'Afrique Noire: 2000, 47 (5).

▪ **EHOLIE S. P., M. COULIBALY, O. KRA, D. ADOU BRYN , Y. Z. YAPI,**
E. AOUSSI, E. BISSAGNENE, A. KADIO. 1999. Diarreia associada a parasitoses intestinais no homem (cote d'ivoire): aspectos epidemiológicos, clínicos, etiológicos e terapêuticos. Médecine d'Afrique Noire: 1999, 46 (1).

▪ **El Kettani S. e Azzouzi E.-M. 2006.** Prevalência de helmintos numa população rural que utiliza águas residuais para fins agrícolas em Settat (Marrocos). Cahiers Santé vol. 16, No. 4, outubro-novembro-dezembro de 2006.

▪ **El Kettani S., Azzouzi E.-M. e Maata A. 2006.** Prevalência de Giardia

intestinalis numa população rural que utiliza águas residuais para fins agrícolas em Settat, Marrocos. 2006. Medicina e doenças infecciosas 36 (2006) 322-328.
▪ **Fraser G.C. e Cooke K.R. 1991.** Giardíase endémica e abastecimento de água municipal. Public health briefs, 1991. 81, 760-762.
▪ **Gbadoe A. D. e Koffi K.S. 2005.** Parasitoses intestinais em crianças com menos de cinco anos de idade no Togo e recomendações do IMCI. Archives de pédiatrie 12 (2005) 1400-1406.
▪ **Gendrel D. 1990.** Diarreia parasitária em crianças. Ann Pediatr 1990; 37: 590-593.
▪ **Gendrel D. 2003.** Diarreia parasitária em crianças eutróficas e malnutridas. 2003. Med Trop 2003; 63: 442-448.
▪ **Gentilini M. e Duflo B. 1986.** The relationship between natural environments and communicable diseases. Relations entre les milieux humains et l'état sanitaire. Méd Trop, 1986, 5: 9-15.
▪ **Gilles HM. 1995.** Helmintos transmitidos pelo solo. Em "COOK GC, ZUMLA A - Manson's Tropical Diseases, 20th edition". SAUNDERS ed, Londres, 1995, vol 1, pp 1369-1412.
▪ **Golvan Y-J. 1990.** Elément de parasitologie médicale. Flammarion médecine et sciences. 5ème Edition. Paris.
▪ **Guerrant RL e Bobak DA. 1991.** Bacterial and protozoal gastroenteritis. N Engl J Med, 325: 327-40.
▪ **Habbari Kh. 1992.** Impacto da utilização de águas residuais na epidemiologia das helmintíases e no crescimento das crianças de El Azouzia. Tese de 3ème cycle. Fac. Sci. de Marrakech.
▪ **Habbari Kh. 1996.** Impacto da utilização de águas residuais brutas na epidemiologia da parasitose intestinal e no estado nutricional na província de Beni-Mellal, Marrocos. Tese de doutoramento. Fac. Sci. de Marrakech. 164p.
▪ **Habbari Kh., Tifnouti A., Bitton G. e Mandil A. 2000.** Parasitoses intestinales et pollution de l'environnement : cas de 1343 enfants à Beni-Mellal (Maroc). La Tunisie Médicale, revue mensuelle, volume 78, N° 2, 109-114p.
▪ **Hajfani M. 1976.** Avaliação das actividades do laboratório de parasitologia do Hospital Universitário de Rabat. Tese de licenciatura em Medicina. Rabat. 86p.
▪ **Hamada A. et al. 2003.** Changes in the prevalence of intestinal parasites among Japanese expatriates in developing coutries. Kansenshogaku Zasshi, 77 (3): 138-45.
▪ **Haslay H. e Leclerc C. 1993.** Microbiologie des eaux d'alimentation. Edition Tec et Doc-Lavoisier, Paris.
▪ **HUAET J-P. 2004.** A saúde e o ambiente. Editorial, Relatório, 417-419

▪ **Jombo G. T. A., Egah D. Z. e Akosu J. T. 2007.** Intestinal Parasitism, Potable Water Availability and Methods of Sewage Disposal in Three Communities in Benue State, Nigeria: A Survey. Anais da Medicina Africana Vol. 6, No .1; 2007: 17 - 21.

▪ **Kennou M.F., Othman O., Maalej S. 1979.** Les parasitoses intestinales de l'enfant. Resultados de um inquérito coprológico efectuado na região de Gabès. Archs. Inst. Pasteur Tunis, 1979, 56 (3), PP 215-223.

▪ **Khaloufi A., Alaoui A.S., Tligui H., Chabaa L., Boukachabine K. e Agoumi A. 2000.** Estudo epidemiológico parasitário e micológico numa creche de Rabat. Maroc Médical, tome 22, n°2, junho de 2000.

▪ **Kightlinger LK, Seed JR & Kightlinger MB. 1995.** A epidemiologia de Ascaris lumbricoides, Trichuris trichiura e ancilostomíase em crianças na floresta tropical de Ranomafana, Madagáscar. J Parasitol, 1995, 81, 159-169.

▪ **King M. 1990.** A saúde é um estado sustentável. Lancet 336 (8716): 664-667. 15 de setembro de 1990.

▪ **Laamrani El Idrissi A., Lyagoubi M., Barkia A., Ayoujil M., Mahjour J. 1999.** Prevalência de parasitoses intestinais em três províncias marroquinas. Jornal de Saúde do Mediterrâneo Oriental, 5(1): 86-102.

▪ **Lahlou T. 1983.** Bilan parasitaire dans la province de Kénitra (Maroc) établi d'après la pratique d'un laboratoire privé. Tese de doutoramento em Farmácia. Universidade de Bordéus II. França. 101p.

▪ **Lamghari Moubarrad F.Z. 2005.** Caracterização parasitológica das águas residuais de El Jadida, seu impacto na linha costeira (água e sedimentos) e na população infantil na zona de descarga. Tese de doutoramento. Fac. Sci. El Jadida. 168p.

▪ **Lariviere M. 1987.** Parasitologia tropical: as grandes endémias. Epidemiologia - Profilaxia (profissões médicas e sociais). Ed. Marketing, 1987, 108-11 Paris.

▪ **Melyani M. 1983.** Enquête sur le parasitisme intestinal de l'enfant scolarisé au cours préparatoire à Sidi Yahia du Gharb en 1983. Tese de Doutoramento em Medicina. Université Med V. Rabat. 40p.

▪ **Menan E.I.H., Rouamba E., Ouhon J., Nebavi N.G.F., Adjetey T.A.K., Barro-Kiki P.C. M.K.n Penali K.L. e Kone M. 1997.** Helmintíases **Resultados de cinco anos de coprologia parasitária no Instituto Cocody (Abidjan-Costa do Marfim). Médecine d'Afrique Noire. 44 (7).**

▪ **Minta DK, Dembélé M, Dolo A, Sidibé AT, Diarra AS, Konaté A, Diarra M, Diakité A, Sidibé AF, Traoré AK, Maiga MY, Pichard E, Traoré HA, Doumbo O. 2007.** Parasitoses digestivas em pacientes infectados com HIV/SIDA nos departamentos de medicina interna e doenças infecciosas do Hôpital du Point "G" Bamako - Mali. 2007. Mali Médical 2007 T XXII N°

1. 33- 36.
▪ **Moe C. 2001**. Avaliação dos efeitos: determinantes do risco e do resultado das infecções transmitidas pela água. In: Microbial pathogens and disinfection by-products in drinking water - Health effects and management of risks. Craun G, Hauchman F e Robinson D. ILSI Press, p. 233-58.
▪ **Ndir I., Gaye A., Sy M., Gaye O. e Ndir O. 2002.** Prevalência de parasitoses intestinais no centro de saúde Roi Baudouin em Guediawaye (Senegal). Dakmèd 2002, 47, 2.
▪ **Nozais J.-P. 1998.** Doenças parasitárias e perigo fecal: helmintíases. Manuscrito N° PF 03. Jornada em homenagem ao Professor A. Dodin, Paris.
▪ **Omar M.S., Mahfouz A.A.R. e Moneim M.A.** 1995. The relationship of water sources and other determinants to prevalence of intestinal protozoal infections in a rural community of Saudi Arabia. Journal of Community Health. 1995. 20, 433-439.
▪ **OMS 1982.** Técnicas básicas para o laboratório médico. Etienne Lévy. Lambert.
▪ **OMS 1991.** Diretrizes para a utilização segura de águas residuais e excrementos na agricultura e aquacultura. OMS/UNEP. Genebra. 205p.
▪ **OMS 1996.** Água e saneamento: Aide Memoire No. 112, Comunicados de imprensa. maio de 1996.
▪ **OMS 1997.** Análise de águas residuais para reciclagem na agricultura. Manual de técnicas laboratoriais em parasitologia e bacteriologia, Genebra (1997) 31p.
▪ **OMS 2001.** Procedimentos operacionais normalizados em biologia médica. 1ère Edition. Bureau des laboratoires.
▪ **OMS 2003.** Diretrizes para ambientes aquáticos recreativos seguros. Volume 1: águas costeiras e doces. Saneamento e saúde da água, OMS, Suíça.
▪ **OMS 2003.** Diretrizes para ambientes aquáticos recreativos seguros. Volume 1: águas costeiras e doces. Saneamento e saúde da água, OMS, Suíça.
▪ **Ouattara M., Dieudonné Silué K., N'Guéssan AN., Yapi A, Barbara M., Raso G., Utzinger J., N'Goran E. 2008.** Prevalências e poliparasitismo de protozoários intestinais e distribuição espacial

Entamoeba histolytica/Entamoeba dispar e Giardia intestinalis

nos alunos das zonas rurais da região de Man, na Costa do Marfim. Cahiers d'études et de recherches francophones / Santé. V18, Número 4, 215-22.
▪ **Pitisuttithum P., Migasena S. e Juntra A. 1990.** Socioeconómico em tailandês. Adultos residentes na metrópole de Banguecoque e arredores. J.Med.Assc. Thai. 1990, 73 (9), 522-534.
▪ **Rambaud JC. 2000.** Gastroenterologia. Paris: Flamarion Médecine-Sciences,

p. 580.
▪ **Schubair ME et al. 2000.** Parasitas intestinais em relação ao nível de hemoglobina e ao estado nutricional de crianças em idade escolar em Gaza. Jornal Egito Soc Parasitol, 30 (2): 365-75.
▪ **Tligui H. e Agoumi A. 2006.** Prevalência do transporte de parasitas intestinais entre crianças em idade escolar em Tiflet (Marrocos). Revue Francophone des Laboratoires. 2006. (386) 65-68.
▪ **Tligui H., Oudghiri M., Bahji M., e Agoumi A. 2002.** Dados epidemiológicos e patológicos sobre Blastocystis hominis. Revue Marocaine de Biologie-Infestiologie. 2002. Tomo X (1). 13-18.
▪ **Ulukanligil M., Seyrek A., Aslan G., Ozbilige H., Atay S. 2001.** Poluição ambiental com helmintos transmitidos pelo solo em Stanliurfa. Turky. Mem. Inst. Oswaldo Cruz, 96 (7): 903-9.
▪ **Vermeulen MS, Steyn NP, Nel J et al. 1997.** Factores sócio-demográficos, de saneamento e de higiene relacionados com a infeção por nemátodos de uma população rural na Província do Norte. South Afr J Epidemiol Inf, 1997, 12, 85-90.
▪ **Watkins WC, Cruz JR & Pollitt E. 1996.** The effects of deworming on indicators of school performance in Guatemala. Trans R Soc Trop Med Hyg, 1996, 90, 156-161.
▪ **Watkins WE & Pollitt E. 1996.** Effect of removing Ascaris on the growth of Guatemalan schoolchildren. Pediatrics, 1996, 97, 871-876.

VII. APÊNDICE

Anexo I: Questionário "inquérito epidemiológico sobre o parasitismo intestinal nas crianças hospitalizadas no Hospital Regional de Kenitra".

IDENTIFICAÇÃO

Cartão n

Data

Apelido:

Nome próprio :

Província:

Cidade:

Ambiente :

U R

Sexo: M F

cm

Idade :

Peso :

KgAltura :

Nível escolar:

Profissão do pai:

Profissão da mãe :

Número de pessoas no agregado familiar:

HIGIENE

Habitat :

Difícil

Bairro de lata

Outros

N.º de peças

Casas de banho : Sim Não

AEP : Rede de água potável

Bem

Fonte pública

Outros : Spring Wadi

Seguia

Canal

Lago

Esgotos líquidos:

Rede de esgotos

Fossa séptica

Dreno aberto

Eliminação de resíduos sólidos:

Eliminação de resíduos domésticos

Coleção pública

Caixote do lixo coletivo

Perto da casa

Higiene pessoal: estado das mãos e unhas

Lavagem das mãos antes das refeições:Não / / **Sim (água) / / Sim (água + sabão)**

Sim (água) Sim (água + sabão)

INFORMAÇÃO CLÍNICA

Doenças do aparelho digestivo:Sim //Não/Se sim, quais:.

RESULTADOS

1. **Exame parasitológico de fezes**

Aspeto das fezes		
Sólido - moldado / /	Presença de pus	/ /
Suave/ /	Presença de muco	/ /
Semi-líquidos/ /	Presença de sangue sobreposto	/ /
Líquidos/ /	Presença de sangue misto	/ /

Pesquisa de parasitas

Negativo

Positivo

*Por exame direto com água fisiológica

**Por exame direto com Lugol

*Por exame diretamente após concentração Método(s) de

Parasitas encontrados nas fezes

Exame hematológico (ver folha de resultados em anexo)

OUTRAS OBSERVAÇÕES

RESUMO

MIX
Papier aus verantwortungsvollen Quellen
Paper from responsible sources
FSC® C105338

Printed by Books on Demand GmbH, Norderstedt / Germany